一個野地錄音師的　探索之旅

The
Beckoning
Silence

A Natural Sound Recorder's Journey

搶救寂靜

范欽慧／著

Laila Fan

關於搶救寂靜的故事，
讓我從一顆許願石開始說起⋯⋯

目錄

聆聽寂靜之聲

戈登‧漢普頓
———
聲音
生態學家

寂靜是有聲音的。在美國西北部一個崎嶇多山角落、我家附近奧林匹克國家公園內的霍河雨林裡，寂靜迴響著。在這裡，世界上最高的生物——美國西川雲衫、花旗松、美西側柏——超過一百公尺，如拔地而起的高塔，提供羅斯福麋和北方斑點鴞遮蔽之處，是美國大陸最不受噪音汙染的地方。在這裡住得越久，我就越懂得靜默，越容易聽到寂靜的真實聲音。

在霍河雨林一天無語的徒步行山，我僅僅只是注視著，其實是「傾聽」著自然和鳴中各種最細微的聲音，總是能讓我充飽能量滿載而歸，更能應付現代生活的種種挑戰——嘈雜的交通、智慧型手機、忙碌的工作與家庭生活。我的心彷彿一畝剛剛犁過的田地，準備好讓種子發芽。寂靜，並非如某些人認為的是一種奢侈，而是一種基本需求，一如維持健康需要的營養食物與乾淨飲水。

回想二〇〇三年秋天，我遭逢生命中的最低潮，當時我的聽力莫名嚴重受損。我聽不到孩子的聲音，鳥兒也不再歌唱。更慘的是，我的腦中充滿著自己發出的無止盡噪音。整個世界聽起來像是從一條長長的金屬管線傳來的收音機聲音。醫囑只有一個字：等。我在經濟與情緒崩潰的邊緣盤旋著。

終於在經過十八個月後，我的聽力開始恢復。在這段漫長的旅程中，我決定站出來，聲援保留地球上少數僅有的幾個自然寂靜聲景。我在二〇〇五年地球日那天徒步走到霍河雨林的谷地，在一棵布滿青苔的林木上，放下

一顆石頭。默默地宣誓我將捍衛這一平方英寸之地遠離所有噪音汙染，而這將同時使三千一百平方公里的地區保留原始自然之聲。

經過十年，我盡可能地經常拜訪我的一平方英寸之地。如果我聽到任何噪音汙染，例如噴射飛機飛過，我會從網路查出是哪家公司，寫信給對方說明寂靜的珍貴性，以及他們公司所造成的噪音干擾，要求他們避開奧林匹克國家公園。有三家航空公司——阿拉斯加航空、美國航空和夏威夷航空——同意這麼做。

有趟到霍河雨林的徒步之行，特別值得一書，當時我手裡有顆輕巧的石頭。有位自稱「從世界的另一端」來的女性，寫了一封電子郵件給我。她叫 Laila Fan（即本書作者范欽慧），是一位電視主持人，跟我一樣喜歡錄製各種自然的聲音。我們先是針對傾聽交換了一些想法，接著我邀請她寄顆石頭讓我放在「一平方英寸的寂靜」之地上。當我打開她寄來的包裹，這顆石頭看來很眼熟。本地的原住民叫這種有白色圓圈紋路的石頭為「許願石」。二〇一二年十二月十二日，這顆許願石開始了它為期兩個月在一平方英寸的旅程。我記得當我放下石頭時心想，「真的，沒有不可能的事。」隔年二月十九日，當我帶回這顆石頭時，我寫信給 Laila，「寂靜將會回家。」

然後，這顆許願石經歷了到義大利與日本的奇妙旅程，教導孩子們聆聽的重要性，並喚醒人們重視寂靜蘊含的訊息：萬事萬物皆有可能。從《搶救寂靜》一書中，我們也許第一次聽見了寂靜的迴響。

（陳采瑛 譯）

Listening to the Voice of Silence

Gordon Hempton

acoustic
ecologist

Silence has a voice. It resonates in the Hoh Rainforest of Olympic National Park near my home in the rugged, mountainous northwestern corner of the United States. The world's tallest living things-- Sitka Spruce, Douglas Fir, Western Red Cedar-- tower more than 100 meters overhead, providing shelter to Roosevelt Elk and Northern Spotted Owl. It is the least noise-polluted place in the continental United States. The longer I live here, the quieter I become and the easier it is to hear the true voice of silence.

After a day's hike in the Hoh speaking to no one, simply witnessing, and that means listening to the tiniest voices in nature's chorus, I always return home recharged, better prepared for the challenges of modern life--noisy traffic, smart phones, a busy work and family life. It is as if my mind were freshly tilled soil ready to sprout germinating seeds. Silence is not a luxury as some may think, but a basic necessity--as necessary to health as nutritious food and clean water.

Imagine, then, my worst nightmare come to life the fall of 2003, when my hearing inexplicably became seriously impaired. My children's voices were muted, birds no longer sang. Worse, my head filled with a never-ending noise of its own. The whole world sounded like AM radio heard through the end of a long metal pipe. Doctors had a single word of advice: wait. I hovered at the brink of financial and emotional ruin.

Finally, after 18 months, my hearing began to return, and on the gradual road to recovery I decided to speak up for the preservation of the planet's few remaining naturally quiet soundscapes. I hiked up the Hoh Valley on Earth Day 2005 and placed a single stone on a moss covered log and declared silently that I would defend this One Square Inch from all noise pollution, which would effectively preserve 3,100 square kilometers of pristine nature sounds.

A decade later, I go to my One Square Inch as often as I can. If I hear any noise pollution, such as a passing jet, I identify the owner from online information and write a letter informing them of the value of silence and the noise impact of their activity, asking them to fly around Olympic Park. Three airlines have agreed-- Alaska, American and Hawaiian.

One memorable hike up the Hoh path found me bouncing a stone lightly in my hand. I'd received an email from a woman "from the other side of the world" who introduced herself as Laila Fan and told me she was a TV host with an interest in recording nature sounds, too. We exchanged a few thoughts on listening before I invited her to send me a stone that I'd place at One Square Inch of Silence. When I opened the package she sent, the stone looked very familiar. The local tribes people here call such stones with prominent white circles Wishing Stones. On December 12th, 2012, the Wishing Stone began a two-month visitation at One Square Inch. I remember thinking as I placed the stone, "Yes, all things are possible." When I retrieved it on February 19th, I wrote Laila: "Silence will come home."

This Wishing Stone then went on to make a fascinating journey to places such as Italy and Japan, educating children about the importance of listening, and evoking an essential message of silence, that all things are possible. In *The Beckoning of Silence* we hear the echo of silence, perhaps for the first time.

用聲音喚醒我們的靈魂

李志銘
—
作家

I listen without looking and so see.

人唯有透過聆聽以及摒棄視覺，才能真正「看見」。

——電影《里斯本的故事》援引葡萄牙詩人
費爾南多·佩索亞（Fernando Pessoa）隨筆集《The Book of Disquiet》

關於聲音，過去我們談論的實在太少（儘管我們每天二十四小時總是被迫曝露在太多嘈雜的環境噪音當中）。探查聽覺感官對我們日常生活的影響，可能遠比一般人想像的還要巨大。

聲音，作為大自然世界許多物種間傳遞訊息的載體，舉凡人類以不同高低音調和響度來表達語言中的各種情緒，蝙蝠、鯨魚與海豚等哺乳動物會發出高頻的聲納波相互溝通，並藉由音波的反射狀況來探知四周地形環境，看似啞然無聲的海洋下，其實到處充滿了陸地上聽不見的「噪音」。傾聽城市裡的聲景（soundscape）複雜而多樣，街頭上彷彿永遠急切鼎沸的車水馬龍、坊間巷弄穿梭蔓延的蕭蕭瑟瑟，無形中透露了其所屬地方社會的族群性格與生活文化。

而我平日最喜歡聆聽收集的，則是各地傳統市集攤販的叫賣聲，每當我走訪一處城鎮村落，總是不忘順道逛逛當地的傳統市場、隨身攜帶一部 SONY PCM-D50 小型錄音機即席採錄，從那些混雜著南腔北調、不絕於耳的吆喝聲中，彷彿喚起了台灣古早社會特有旺盛的生命力與時代記憶，宛如庶民的天籟。

猶記得前年（2013）我因拙作《單聲道——城市的聲音與記憶》在大愛電視台「愛悅讀」節目受訪錄影而初次認識了欽慧，後來我又帶著幾張台灣早期出版有關「聲景」題材的絕版錄音、上了她在教育廣播電台主持的「自然筆記」，其中包括一九九七年由水晶唱片最早錄製花蓮吉安鄉海浪聲的田野專輯《浪來了：傾聽‧台灣的話》，一九九五年台灣省野鳥協會製作的《山之籟：野鳥原音》，另外還有二〇〇四年阿里山國家風景區管理處首創以「聲音地圖」（Sound Map）概念推展觀光旅遊、採錄當地自然景觀與人文聲音集錦的《瑞里聲音地圖之旅》，以及近來海峽兩岸分別最早紀錄保存傳統都市攤販叫賣文化的《老北京吆喝》（2003）與《叫出好生意：台灣古早味走賣》（2009）等。

在電台錄音間裡，我和欽慧不時聊到台灣過去發行的某些聲景錄音總是令我感覺太不真實，比方叫賣聲的收錄皆非來自實際的田野現場，而是直接找人進錄音室、用聲音特地「演」給觀眾聽的，要不就是經常為了多做詮釋而逕自添加大量的口白解說。顯然此處仍侷限於只把聲音錄製（加工）成所謂的「罐頭音效」，有些聲音的取用來源竟然還是從他處「移花接木」的（比如在台北「二二八和平公園」陳列的老火車頭「騰雲號」每小時定點播放的汽笛聲），完全漠視真實的聲音本身自有其生命力，而從事聲景採集最重要的關鍵，即在於忠實紀錄原有的聲音現場。為了能使「在場」對象發出聲音，相對也就必須讓它重新「復活」，這才是推動聲景保存最根本的意義。

思念不久前，欽慧還在某次閒聊當中提起她曾經想回學校（報考）就讀人類學博士班的夢。在我看來，欽慧不僅善於聆聽，亦有著開放的識見和胸襟。從十多年前迄今為止，為了踏查她所熱愛的自然聲景，追尋理想中寤寐以求的「寂靜山徑」，她不惜上山下海，走遍島內山川野地，如是邂逅了蘭嶼的角鴞、富里森林的朱鸝和獼猴、知本夜晚的山羌與飛鼠、太平山翠峰湖畔的蟲鳴鳥語，乃至東台灣海岸線黑潮洋流底下的鯨豚之聲，上窮碧落天涯海角，甚至不斷學習精進自己的田野錄音技術與器材，只期盼能更準確細膩地捕捉牠們的聲音足跡，隨之竟爾

遠赴義大利西西里島、來到當地一座中世紀古城埃利契（Erice）參訪國際知名科學家共襄盛舉的「海底生物聲學研討會」，在那裡聽見了德國海洋聲學學者拉爾茲‧金德曼（Lars Kindermann）設置於南極冰原的水下麥克風所錄到的聲音，彷彿穿透在冰層下的傳誦迴響屢屢令她驚嘆不已。

欽慧始終相信，懂得聆聽這樣的聲音，自己靈魂的某個部分也會被喚醒。她認為聲音世界之所以迷人，並不止於聽得見，還要能聽得深。

近年來，欽慧更直接受到美國艾美獎（Emmy Award）錄音師、聲音生態學家戈登‧漢普頓（Gordon Hempton）的精神感召，透過一枚撿拾自花蓮秀姑巒溪河床上的美麗卵石寄給戈登，放置在美國奧林匹克國家公園霍河雨林的「一平方英寸的寂靜」（One Square Inch of Silence）所在地之後再寄回，輾轉繞過地球一周的魚雁往返，成為欽慧日後開展「寂靜」旅程的許願石。

對我而言，經常出入山林之間、總是帶著錄音機四處浪跡田野的欽慧，早已是不折不扣的「聲景人類學家」了！但她自身所展現的熱情與格局卻遠遠不止於此，除了盡情揮灑個人的志趣與專業之外，欽慧也開始思考另一種新的可能，透過組織一群熱心關注聲音議題的同好，共同提出更多的倡議，引導生活在這片土地上的人，能從聲音的角度來關心環境、改變我們自己，並且構築一套新的思維與哲學。

於是乎，就在欽慧的積極奔走促成下，今年（2015）三月「台灣聲景協會」乃宣告正式成立。無獨有偶，撫讀這本幾乎同步問世的《搶救寂靜》，當可視為欽慧長年探尋、追索各地聲音祕境沿途走來的心路歷程，毋寧更為台灣未來跨領域的本土聲景研究敲開了一扇窗。

一場不可思議的旅程

十七年，代表了什麼意義？除了可以念完四次大學之外，就我所知，還有一種蟬，牠會在地底下蟄伏十七年後才出土羽化，完成生命的使命。我的蛻變也在十七年之後，那是我走進大自然錄音的資歷。重點是，我從來沒想過，自己在野地聆聽了十七年的聲音後，會因為一顆石頭，走上一段不可思議的神祕旅程。

石頭，大自然中最具「寂靜」象徵的代表。石頭本無語，卻可以跟小溪、海浪，激盪出不同的旋律。我側耳傾聽，想了解這到底是什麼樣的召喚？這是一顆來自台灣東部，發源於中央山脈的石頭，就這樣無聲無息地走入我的生命，卻帶著我去聆聽，不僅是外在環境，還有我自己內在的聲音。最初，它被我寄去美國，跟另一位自然野地錄音師見了面，展開它的神奇旅程，兩個月之後，這顆台灣的許願石又寄回到我的手上，並陪著我去了日本、去了義大利，最後我決定帶它去宜蘭的太平山上，並為「寂靜」而發聲。一路走來，我相遇無數，總覺得自己何德何能經歷這一切，彷彿過去生命所有階段的累積，都因為這趟旅程而有了全新的意義。

我從小喜歡音樂，喜歡聲音，後來成了廣播電台的主持人，並不是因為我喜歡說話，反而是喜歡聆聽。我熱愛去野外採集聲音，並且熱切地想把這些材料跟聽眾分享，於是開闢了一個台灣少數以田野錄音為特色的廣播節目。這些聲音的灌注與洗禮，給了我非常多的靈感與創意，似乎在心靈深處有種能量逐漸被啟動，我寫作、拍片，帶著孩子家人去實踐我的生活美學……，但是我知道骨

子裡，我仍然是那個喜歡聆聽的錄音師，在歌韻繽紛的山徑上，隨著萬物聲息擺盪起舞。

記得大概十年前，我曾經做了一個關於人類學的夢，當時我以「自然聲音」與「情緒分析」，甚至「人觀」，作為我的研究主題。我想了解在野地聆聽這些聲響是否是一種「儀式行為」？人類會因此產生什麼樣的經驗與反應？什麼樣的人格特質與條件，會讓人願意向這樣的聲音靠近？⋯⋯這些都寫在我的「研究計畫書」中，但是後來我並沒有走上學術研究之路，這些問題也被擱置在我心中，沉寂多年從未被解答。

這麼多年以聲音的角度來關心環境，關心土地，我聽到了太多讓人鼓舞的動人故事，但也聽到了太多的無奈與憤怒，似乎各種與環境相關的問題，不論是汙染、棲地破壞、生態浩劫、黑心食品⋯⋯，一切亂源都脫離不了「人心」。「心」病了，大地終究要面臨一連串因為人心無法克制的貪婪、欲望、宰制⋯⋯所帶來的惡果。除了在廣播中大聲疾呼之外，我也一直思考自己究竟能做些什麼。

近年，各種關於「療癒」的資訊紛紛出現，我察覺到，原來環境教育真正的精神，正是一套關於療癒的學問。投身環教工作多年，我深切體會到，那些大自然的聲音曾經「療癒」了我，讓我有更強烈的正向意念去改變，去行動。這趟旅程，正是一趟受到「療癒」所啟動的實踐，也是一種緣分俱足下的轉換，最初也許是因為噪音，也許是因為悅音，或是心中各種聲音激盪的迴響，總之，我可以靜下心去整理自己生命的各種軌跡，解讀其中的訊息。然後告訴自己，勇敢去做夢吧，相信這些聲音，相信自己，努力用這些聲音去療癒人，療癒土地。

問題是，這些「療癒之聲」跟「寂靜」又有什麼關係？其實，我想要追求的「寂靜」，並非無聲，而是生命的本然，在美國錄音師戈登・漢普頓（Gordon Hempton）的定義中，「寂靜」就像是瀕臨絕種的動物一樣，需要更多的保護，

這樣的「寂靜」跟環境變遷有關，特別針對自然中的荒野聲響。另一種「寂靜」的層次，與哲學有關。人要追求真正的「寂靜」，並非一定要到遙遠的森林深處才能獲得。我的尋聲行腳，正是被這種充滿禪意的境界所觸動，而開始去尋找各種不同聆聽的角度，同時也走向國際，去跟這個不再「寂靜」的世界對話，不論是陸地上，甚至海平面下，人類製造的聲響充斥了整個空間，每個人似乎都成為噪音的受害者。從一種長期被宰制的狀態中，許多聲音的先知者已經逐漸覺醒，他們開始為聲音尋找定位，包括如何促進更友善人類與生態的聲音環境，如何用聲音創造更多人文與藝術的觀點，如何透過聲音去參與改變世界，種種的論述，被放在一個稱為「聲景」（soundscape）的範疇中，在世界各地聲波傳揚。

身為聲音的記錄者，我也希望透過這些年的經歷與體會，建構出一套所謂的「觀音學」，也就是攸關如何去「觀察」聲音、「觀賞」聲音以及「關心」聲音的學問。當然，正如這名稱所具有的象徵意涵，它是帶著一種對生命的慈悲與宗教情懷的信念。

這本書只是一個起點，就像是許多電影所標示的「首部曲」。它交代了故事的緣起，以及最初的行動。這幾年台灣流行「地景」寫作，這種藉由移動到特定空間所展開的旅行文學，縱使可以穿越時空來抒發所思所聞，仍然以「看見」為目標。但是除了視覺之外，我也在嘗試一種關於「聲景」書寫的可能，邀請讀者更深度的聆聽，並發展自己的感官之旅以及聽音美學。

幾個月來，我持續在太平山上徘徊行走，經常思考的是：「山引我進來，而我又要為山帶來什麼呢？」正如有「美國生態保育之父」美譽的李奧波（Aldo Leopold）在《沙郡年記》中所說：「休閒娛樂的發展不是要建造通往美麗鄉野的道路，而是要為依然可厭的人類心智培養感受力。」或許，我真正的目的，是希望這些來自山林的歌聲，能打動那些泅泳在城市牢籠中的人們，有機會修復自己的感官，懂得藉由欣賞這樣的旋律，讓自己「心中一片靜好」，並願意支持保

一場不可思議的旅程

15

護自然聲景的相關政策，讓世世代代都能聆聽到那最初的美麗。

這本書我要感謝陪我做夢的許多好朋友。最重要的，當然就是戈登·漢普頓這位我從未見過面，卻有著深度交流的錄音師，他的書啟發了我，我相信未來我們也會因為這本書的出版，而留下更多屬於彼此的傳奇。還有環境資訊協會的編輯詹嘉紋小姐，她幫我開闢了一個「搶救寂靜」的專欄，讓這樣的努力有了更明確的目標與動力，並讓我以聲會友，認識許多喜歡聆聽聲音的朋友。另外，要特別感謝中研院的嚴宏洋教授，他是我的貴人，因為他的鋪路牽線，讓我的聆聽耳界變得更為國際化；也非常感謝李志銘先生，幫助我更深度的聆聽，引領我走向「聲景」的領域。同時，也要感謝我的「寂靜山徑」夥伴：長庚大學的余仁方老師和聲音藝術家澎葉生老師（Yannick Dauby）、賴伯書先生、林試所的葛兆年博士，以及林務局羅東林管處的林澔貞處長、陳冠瑋先生……從草創階段就一直陪伴著我，為台灣聲景築夢；以及本書每一位接受我專訪的學者、老師……因為你們的精彩分享，讓這本書不僅更有看頭，也更具可聽性。當然，還有遠流的老夥伴，靜宜、詩薇、昌瑜……謝謝你們讓這本書更有影響力，你們是台灣最有質感的文化推手與團隊，這本書交在你們手上，我深感榮幸；也很開心入圍葛萊美設計獎的鄭司維、黃慧甄能負責整部作品的視覺與裝幀設計，讓它顯得更「有聲有色」。最後，要特別感謝我親愛的家人，總是給我最多的包容與支持，讓我能專注創作，並始終陪伴；而國家文化藝術基金會惠予本書文學創作的補助，讓我久旱的原野能獲得一些雨露滋潤，這樣的鼓舞，對獨走天涯的筆耕者尤為重要。

經常有人問我，「寫完了這本書，未來妳要讓這顆許願石回到花蓮嗎？」有時我會反問回去：「你希望它回去嗎？」當然，我也會獲得很多不同的聲音。重點是，這顆石頭所指引的不只是一種形式上的路線，更是引領我走向一段等待開悟的探索祕徑。我真心感謝這麼一段「搶救寂靜」的旅程，未來不論這顆石頭要不要回家，我知道我都可以因為它，而找到一條回歸生命本質的道路。

線上聲音注釋

為了讓讀者更進入書中每個故事獨特的聲音風景，特別設計了 27 則線上聲音注釋，收錄由作者錄音、旁白的聲景片段或相關的聲音延伸資訊。

每當閱讀時發現 🎧 這個符號，就可掃描下方 QR code 連結到網址 http://www.ylib.com/hotsale/BeckoningSilence/，並按 🎧 後標示的號碼，點選對應的曲目聆聽。

（每則聲音注釋的相關說明及頁碼提示，請見下兩頁）

傾聽之路

消失中的聲景

我從來沒有想過，因為要收錄大自然的聲音，我得走遍台灣各地，透過聲音來訴說各種不同的生命故事……

從來沒有想過，透過「傾聽」，會帶我走上一條不一樣的路。然而，就是因為熱愛傾聽聲音，讓我成為一位自然野地的錄音師。

大約七歲時，我就學會錄音。剛開始我是看到媽媽用錄音機在學唱歌，當我觀察到怎麼操控時，這個玩意兒就成了我最鍾愛的玩具。我曾經偷偷錄過爸爸的打呼聲，也曾經偷偷錄過爸媽吵架的聲音，我甚至跑去後陽台錄鄰居說話的聲音。那時候，還沒有安親班，父母又都是上班族，有時放學後自己一個人待在家，也會偷偷錄自己唱歌、說故事，甚至學賣藥口條，自編自演一番。這些創作的雛形，原本只是個人收藏，有一次卻被爸媽發現，拿去跟朋友分享；我一氣之下，把好幾捲錄音帶給洗了，其中一捲帶子被媽媽搶救保存了下來，直到我三十歲之後，才物歸原主。

往後的日子，大概都在混沌的升學主義中度過。大三那年，沒想到我重新接觸到「錄音」功課，當時政大還沒有廣電系，只有新聞系的廣電組，我記得大約是在民國七十五年，系上有一門沒有學分的實習課，學生得在午休時間製作一

個小時的廣播節目，我突發奇想，決定製作一個關於原住民的節目，於是興致勃勃地跟哥哥借了小型的 Sony walkman 錄音機，加上媽媽唱卡拉 OK 的麥克風，利用一個學期的時間，進行田野的錄音採訪。還記得那時每個星期我都會搭著小巴士，從木柵到南港，去中研院民族所挖掘資料，政大的社資中心也是我常拜訪的基地。這個廣播節目作品，讓我得了當年大專院校廣電比賽的特優獎，還登上各報紙的影劇版。這些肯定來得意外，因為它原本是一項沒有學分的作業，而我一股傻勁所做的一切，只是因為「我喜歡」。

一如兒時的記憶，這些個人收藏，原本只是生命的片段，沒想到三十歲之後，林林總總的生命經歷，卻引領我向更深度的自我探索，並藉由傾聽進入自然的領域。

自然筆記，人生最美麗的禮物

結束在美國的留學返台後，我才開始真正賞鳥，也因為經常去野外欣賞這些動人的飛羽，讓我聽到了不一樣的旋律。當時的我，歷經了不同的媒體訓練，心中卻存在著一種聲音：「我希望能成為走入森林，光是透過鳥叫聲，就能夠辨認出牠的名字的人。」不僅是聲音，我也期待能知道我生長的土地，究竟在什麼季節，會開什麼樣的花，會有什麼事情發生。這些念頭一直在我心中盤旋，於是，我決定成為獨立工作者，辭去上班族的穩定薪水，買了一台錄音機以及專業麥克風，準備一步步向我希望聆聽的聲音靠近。民國八十六年，我向教育廣播電台遞出「自然筆記」的節目企劃案，並獲得通過，這個節目迄今已持續製作了十七年，從沒中斷過。

製作「自然筆記」的過程，是我人生最美麗的禮物。我從來沒有想過，因為要收錄大自然的聲音，我得走遍台灣各地，透過聲音來訴說各種不同的生命故事。為了讓自己對自然生態有更深度的見識基礎，我去拜訪了當時林業試驗所的楊政川所長，希望能製作一個以森林教育為主的有聲書，這個案子讓我有機會去認識一

1
—
2

1 留住最有生命力的
　瞬間，不論是畫面
　或是聲音。
2 尋找一條傾聽土地
　的道路。

群生態學家，除了增強自己的生態知識外，也有機會到豐富多樣的森林環境中錄音。往後幾年，我從森林擴展到海洋，走訪各種不一樣的生態區位，在廣播中分享我在野地收錄的各種天籟，並且為牠們撰文倡議環保的理念。

迅速變遷的聲音地圖

透過聆聽，我腦海中有一張屬於台灣的聲音地圖。我知道在什麼樣的季節，或在什麼樣的海拔高度會聆聽到哪些動物的聲音。但是近年來，我對聲音開始有不一樣的體會與感受。一方面，有些我原本熱愛錄音的地點不見了，隨著人為的開發與破壞，許多祕徑紛紛消失，還有些地方是聲景上的轉變，比如我經常工作的地點——植物園。對一個錄音師來說，除了一般人所能感受到的視覺變化外，聲音恐怕透露更多的「實情」，我知道有些事情持續改變著；原本在自然聲景中聆聽，我只是一個單純喜悅的發現者，但是當真正認識了牠們，便逐漸了解那些聲音背後的歌手，目前正遇到什麼樣的困境，我開始感到擔心、憤怒，甚至想為保護牠們做一些事。🎧[1]

這樣的思索，在民國一百年時有了更深刻的體會。當時我承接了林務局的委託案，要以一年的時間，按月份到台灣各國家森林遊樂區中錄音。於是，我一月在太平山、二月在東眼山、三月在阿里山、四月在觀霧……整整一年時間，我進行了台灣山林聲景的記錄與調查，過程中錄到各種鳥類、蛙類、鳴蟲，還有山羌、飛鼠、松鼠等繽紛多元的聲音。為了讓聽眾能感受環境之美，我把那些最精彩的天籟剪接下來，甚至配上動人的音樂或旁白，來增添當中的夢幻氣息，但我心裡很清楚，在我的資料庫中，那些原本「被放棄」的檔案中，滿滿記載著令我困擾的噪音，包括了我在錄栗背林鴝、金翼白眉背後的戰鬥機的聲音，東眼山清晨頭烏線、繡眼畫眉背後的重型機車聲，還有知本森林大赤鼯鼠背後的卡拉 OK 聲，更別說那些人聲喧譁……我把它們集結成一條曲目，放在我製作的 CD 最後一首，希望自然能有申訴的機會。

守護自然天籟，不成絕響

長久以來，我們都是透過走入自然，來讓自己的身心靈更平衡健康，甚至像我這樣的錄音師，過去也是希望能收錄美美的自然天籟，讓更多的人在聆聽中達到療癒的效果。但是有沒有可能我也透過錄音，來幫助自然重新修復，甚至讓它得以控訴呢？

記得兩年多前，有一天我在野地錄音時，哥哥打電話問我正在做什麼。他當時已經走入肺腺癌的末期，我跟他說我現在身邊有大彎嘴，前一晚則錄到台北樹蛙的聲音，回家放給他聽。哥哥跟我說，他感覺到內心的恐懼，我要他不要害怕，我把手機朝向眼前的聲景，告訴他：「你聽見了嗎？有一天，我們都會繼續聆聽這些聲音，牠們在這裡已經很久了，我們以前就曾經聽過，未來也會繼續聽見。」

後來，每次到森林錄音，我都想像著哥哥也坐在其中，聆聽這樣的天籟。我也期待自己是一個見證者，讓自然有發言的權利，同時希望能為保護這樣寂靜美好的聲景而努力，不讓這樣的聲音成了絕響。

這一次，我不僅以熱情為起點，更帶著一份使命出發，我知道，當我懷著這份信念時，生命會把我帶向那些我將遇見的人物與風景。

一平方英寸的
旅程

我跟戈登透過一顆許願石結了緣，這段一平方英寸的旅行，究竟將完成什麼樣的願望呢？

一顆二點五四公分乘以二點五四公分大小的石頭，究竟可以告訴我們多少故事？之前因為讀到《一平方英寸的寂靜》（*One Square Inch of Silence*）這本書，認識了作者戈登‧漢普頓（Gordon Hempton），他是一位自然野地的錄音師，經驗豐富，獲獎無數。在戈登近三十年的錄音經驗中，最棒的錄音地點是在美國奧林匹克國家公園內的霍河雨林，於是他把過去一位印地安酋長送給他的一顆石頭，放在這個最精彩的聲音殿堂裡，當作他所要保護自然聲景的目標，我寫信向他表達對他所作所為的欣賞，並且把自己在森林中錄到的天籟 CD 寄送給戈登。

就跟戈登的經驗一樣，過去十多年來，我在大自然中錄音，一方面被自然天籟所感動，一方面也感嘆，我們身處在充滿飛機聲、汽車引擎聲，以及各種人為聲音的世界裡。因此，當《一平方英寸的寂靜》這本書出現時，我才發現，原來保護荒野的天籟，就跟保護荒野中的動植物一樣重要。

而最讓我讚佩的，其實是戈登對荒野中「寂靜」的深入闡述。所謂的「寂靜」，

不是沒有聲音，反而是萬物都存在的境界，重要的是，要保護那些荒野之聲，讓世世代代的人都聽得到。

從東台灣出發的許願石

戈登開心地回信說，希望我能寄給他一枚來自於台灣的石頭，他要將這顆石頭放在他的「一平方英寸的寂靜」的地點，讓它也能感受到那份寂靜的力量。於是，我寄給戈登一顆我在東部河床上撿到的石頭，告訴他這條河發源自中央山脈，那裡是我多年來收錄自然聲景最棒的地點。

還記得那次去花蓮工作，我在河床上被那一大片五彩繽紛的石頭所感動，這場相遇讓其中一顆卵石跟著我回了家。沒想到，它居然是帶著某種訊息而來。我把這個石頭寄給了戈登，幾個禮拜後，戈登寫信跟我說，那是一顆許願石，因為上面有著非常獨特的線條。戈登說，按照他們當地的傳說，如果我們對著這個石頭許願，然後把石頭扔進水裡，願望就會依照線條展開自己的旅行，並且在最後實現。接著戈登做了一個讓我非常驚訝的決定，他要把這個石頭帶到霍河雨林一陣子之後，再寄回來還我。

「寂靜將會回家。」（Silence will come home.）戈登向我預告著。那顆來自花蓮的寂靜石頭，將會繞過地球一周，回到我的手裡。兩個從未見面的野地錄音師，就這樣你來我往，透過一顆石頭，進行了一場極為奇特的旅行。

當石頭重回我手中時，我該如何面對它呢？這可不是一顆普通的石頭，雖然它只是我在河床上巧遇的卵石，卻能漂洋過海，經歷這段傳奇，我不知道這顆石頭究竟會遇到什麼樣的故事？這顆寂靜的許願石，在我的腦海觸動起陣陣漣漪，一點也不安靜。

置放在霍河雨林一平方英寸的
兩顆許願石。

1 台灣東部河床上的卵石。
2 《一平方英寸的寂靜》與許願石。
3 戈登‧漢普頓（Gordon Hempton）。
4 美國奧林匹克國家公園內的霍河溫帶雨林。

1	2
	3
	4

戈登特別選了一個奇妙的日子,二〇一二年十二月十二日,把這顆來自台灣的石頭,在奧林匹克國家公園的博物館館長陪同下,護送到「一平方英寸的寂靜」這個據點,他拍了一些照片給我看,整體看來有點像是太平山或是棲蘭檜木林的感覺,他說那裡有一棵高大的樺樹,從它枝條的形態,就可以看出最初從種子發芽的樣子;我突然明白,讓戈登著迷的,正是生命最原本應有的樣子,他追求那樣的純粹,並且努力從原始荒野的源頭,仔細聆聽生命的本質。

聆聽寂靜星球的所有珍貴

這段期間,我跟戈登通了十多封書信,分享彼此在大自然錄音的經驗,我也提到自己拍攝自然影像的心得與困惑,他感性地回應,當他碰到困難時,會把手放在一顆他在亞馬遜河撿到的石頭上三分鐘,用心去聆聽自己內心的聲音,而不光是用理性思考來判斷。他也介紹了正在建構的自然聲景圖書館,稱作「寂靜星球」(Quiet Planet),人們可以購買與使用戈登多年來在世界各地錄到的各種大自然聲音,包括森林、海洋、雨林、溪流……,所得經費也將回饋到孕育這些荒野聲音的棲地環境保育計畫。

有一天,我突然收到戈登寄來的一個包裹。打開一看,裡面居然是個造型很像鑰匙的隨身碟,上面還有一排文字寫著:「你是被授權的使用者。」(You are a licensed user.)我立刻把它插進電腦中,發現裡面都是大自然的聲音,而且錄音的規格很高,我得下載不同的播放軟體,才能欣賞到戈登所錄製的野地立體原音。🎧²

剎那間,我彷彿跟著戈登來到了大自然,我閉起眼睛,聽到了熟悉的聲音,不論它錄自何方,我都已經身歷其境。我多麼希望戈登也能來到台灣錄音,我渴望他能聽到那些我曾經錄過音的現場:蘭嶼雨林中的嘟嘟鳴(蘭嶼角鴞)與昆蟲,觀霧森林中的竹鳥與獼猴、知本夜晚的山羌與飛鼠、合歡山上冷杉枝頭的灰鷽與鷦鷯……,是的,牠

們仍然在那裡，但是大部分的人都沒有真正聽過牠們的歌聲，我多麼希望自己能像戈登一樣，把這些聲音告訴所有的人。身為野地錄音工作者，我知道自己的工作就是為環境做記錄做見證，總有一天，我得把所有的訊息傳出去，並回過頭來，去為保護這些天籟而努力。

保有荒野，讓自然擁有自然

終於，我的台灣許願石在二〇一三年二月十九日回到身邊，就在戈登把石頭寄回給我的同時，他還放入一個當地的紅色小石頭。這個有趣的分身，讓我想到了戈登自己的寂靜石。他告訴我，有好事即將發生。

接著，戈登邀請我為美國奧林匹克國家公園正在進行的「荒野地位計畫」（Wilderness Stewardship Plan），到公眾論壇上發表意見與想法，這項計畫旨在向全世界蒐集各種不同的建議，以作為國家公園接下來保育與管理的重要基礎。

戈登在信中問了我一個問題，那就是台灣人怎麼看荒野（wilderness）跟野性（wildness）的不同，我嚇了一跳，因為很多年前，我去聆聽「環境倫理學之父」羅斯頓教授（Dr. Holmes Rolston III）的演講時，他問了我幾乎一樣的問題。

原來美國人早在半世紀以前，就已經為自然（naturalness）與荒野（wilderness）下了定義。根據一九六四年《荒野法案》（Wilderness Act）的解釋，「自然」或是「野性」強調生態的本質，而「荒野」更著重於一種未受干擾，保有最原始、最古老的範疇。因此美國劃出大片「荒野」，為了要屏除人類的一切干預與控制，讓自然擁有自然。

《荒野法案》是一個充滿謙卑尊重精神並對文明有著強烈反思的法案，對美國的環境保護影響卓著。然而，這樣的界定，歷經五十年，也備受爭議與挑戰。特別

是針對森林的管理，有關森林火災、外來種的入侵等等議題，經常與法案中所保障的內容有所衝突。但是讓我非常感動的是，當前許多爭議的焦點是落在對「荒野」地位的重新界定，從他們的文化、歷史，及無數的論述觀點中去深化與討論。我可以在他們的辯證中，看到新的管理標準的建構過程。

重要的是，他們透過全民討論來作為未來立論的基礎。這種做法，也是依據《國家環境政策法案》（National Environmental Policy Act，簡稱 NEPA）的重要精神，就是所有公共政策決定過程中，任何關係到環境的資訊都應該公開透明的規定。因此，國家公園特別利用公眾論壇，來廣納——包括來自全世界的——民意。

戈登說，未來他希望在奧林匹克國家公園推動全世界第一個「寂靜之地」，這個「荒野地位計畫」將提供重要的實踐依據，他很希望我能貢獻自己的意見，也歡迎台灣所有有想法的人，都能勇於上網表達。了解這樣的過程，對我有相當大的啟示。

我看著一位自然野地錄音師，從聆聽者變成了自然的代言者。原來，這麼多年在野地獲得的各種感動，為的就是完成這樣的使命。我跟戈登透過一顆來自花蓮的許願石結了緣，這段一平方英寸的旅行，究竟將完成什麼樣的願望？有趣的是，就在這顆石頭回到台灣時，一連串機緣也就此展開，包括一個持續推廣噪音防制教育的基金會主動找上我，還有許多奇妙的故事與際遇正在進行中！我仔細端詳這顆許願石，到底它要把我帶向哪裡？未來我能在台灣找到屬於我的「一平方英寸的寂靜」嗎？

石頭無語，我靜靜地把手放在上面三分鐘，一種聲音浮上心頭，我知道搶救寂靜的旅程即將展開。

□

砂石車聲中的
天籟

我相信，懂得聆聽的孩
子，將會為這個世界帶來
改變。

我的寂靜許願石繞過地球一圈，終於回到我的手上，沒多久我接到林龍森先生的電話。他是華科慈善基金會的總幹事，「聽覺照顧」是這個基金會關心的重點，不只是針對聽障人士，三年來，他們跟一群中小學校長共同努力，在校園中推廣「減噪取靜」的教育理念，龍森希望透過我的廣播節目能把經驗與成果分享出去。

一片空白的噪音教育

談起噪音教育，在台灣的教育內涵中，可說是一片空白。我們是一個喜歡熱鬧的民族，在餐廳中總是高談闊論，大聲喧譁，我們不大懂得控制音量，並察覺自己對環境帶來的影響。我們也不大理解安靜的重要性，哪些是噪音？哪些是悅音？對我來說，保護大自然的聲景，是因為這些聲音是珍貴的國家資產，我相信自然聲景對生態保育是重要的，但是在自然聲景中所要面對的各種各樣的噪音，又該如何克服呢？

自從我們的世界發明了內燃機之後，所有聲景都改變了。朋友跟我說，未來如果全面改為電動車，世界會安靜許多，甚至設計者怕車子移動時沒有聲音，讓人失去警覺性，要故意製造一些聲響，作為警示。這也顯示出現代人對身處的聲景，有一種習以為常的慣性，我們無法避免在噪音中移動，最後只能封閉自己的感官，我相信捷運上的低頭族，應該不會太過在意所謂的環境噪音。只是即使我們可以強迫耳朵接受這一切，身體還是在不知不覺中承受噪音所帶來的壓力，造成疲倦、血壓高，甚至心血管疾病等風險。聲音，跟現代人的文明病絕對有重大的關係。

當我開始懂得聆聽自己心中的聲音，就是我記錄自然聲景的開端。當我們封閉自己的感官，其實也在拒絕感受自己內在的世界。我們活在多元豐富的聲音世界裡，聲音宰制了我們的情緒、意念，如果我們對它沒有太多的察覺，可能與豐美隔絕，也可能向傷害靠近。

```
  |  2
1 |————
  |  3
```

1 校園池塘可聽見貢德氏赤蛙的熱烈鳴唱。
2 我和孩子正在使用分貝計量測校園噪音。
3 噪音地圖和我的許願石。

聲音，是我跟龍森共同努力的焦點，對我來說，因為從事自然教育的經驗，我非常希望保護這些美好的「自然聲景」；而龍森所要宣揚的，則是如何避免噪音帶來的傷害。這就像是談垃圾分類，與保護純淨大地的理念一樣，一個是具體做法，一個是願景，根本是一體兩面的事情，我決定跟龍森好好詳談。

無所不在的噪音干擾

龍森是一個非常謙和客氣的年輕人，他走進我那與外界隔絕的錄音間，卻是要讓我知道什麼是「噪音」。他幫我在手機上安裝了「噪音捕手」的 APP，這是免費下載的程式，不論是誰，都能隨時隨地監測噪音的大小。很快地，我發現即使四面都安裝了隔音板，由於空調與機器持續運作，錄音室內部空間的音量值居然也高達 50 分貝。他甚至提供給我一支噪音分貝計，可以更精準量測周遭環境聲音的能量。

就正常人的生理結構來說，我們可以聆聽到的聲音頻率是 20～20,000 赫茲（Hz）之間，可承受的音量值是 0～120 分貝（dB）。就人對聲音的感受來說，20 分貝以下已經是寂靜的極限，70 分貝以上就是很吵雜的狀態，到了 85 分貝時，耳膜就會開始疼痛了。而且從 20 分貝到 40 分貝，並不是放大一倍的音量，而是十乘以十的差距（每增加十分貝等於強度增為十倍），也就是放大一百倍的能量，光是這點，就足以讓我感到震撼。

有了這些粗淺的知識，我對噪音也有了不同的理解；加上分貝計上顯示的數字，讓我對環境音量的大小聲有了更具體的感受。龍森說，他們發現，許多人對保護自己的聽覺其實是很沒有概念的，若是我們長期處在噪音的環境，甚至是長時間戴著耳機聽音樂，都可能會傷害耳蝸中的毛細胞，造成永久的聽力耗損。更何況有許多研究顯示，孩子在噪音環境中會難以專注，影響學習，所以他們的首要目標，就是進入校園教導孩子如何避免噪音的傷害，同時也邀請防制噪音的研究團隊，來協助校園進行減噪的工作。

其實，光是從音量大小來評斷噪音，並不全然正確。否則在國家音樂廳欣賞交響樂時，分貝數偶爾可能會飆過 70，但是跟忠孝東路的尖峰時段比起來，你會明確感受到何者是噪音。不過，噪音的認定也有主觀的成分，有些聽覺敏感的人，甚至無法忍受極低頻卻重複的音響。

龍森希望我能報導他們如何帶領孩子繪製「噪音地圖」，就是讓孩子們學習透過噪音分貝計，去了解校園中噪音的來源，並且尋求解決的方式。為了要結合我保護自然聲景的理念，我向龍森獻策，希望不僅介紹噪音教育，同時也介紹校園的生態環境，讓孩子能在噪音中發現不一樣的綠色聲音地圖，並在我的廣播中開闢一個新單元，稱為「傾聽綠色校園」。當然，帶孩子去發現大自然的聲音，那可是我的專長。

於是，在龍森的安排下，我到新北市八里的長坑國小進行採訪。這座小學位於觀音山下，附近山林環繞，加上四周田園阡陌，本身擁有很好的自然條件，但是學校周邊也存在許多鐵工廠，不時會傳來一些噪音。不過，真正噪音的來源，卻是學校旁邊的公路，這是一條交通繁忙的主幹道。

傾聽校園，發覺友善悅音

校長鄭旭泰是一個熱愛自然的人，他努力經營學校的生態環境，校園中不僅有水生池、蝴蝶廊道，還有太陽能板、風力發電等綠能設施，因此獲得了國家永續發展獎的永續教育獎，受到相當大的肯定。但是也因為重視環境品質，鄭校長非常希望能改善學校的噪音問題。

華科基金會安排了長庚大學余仁方教授所領軍的聽覺研究室團隊，到校園中進行噪音監測，並對防噪提出改善建言，除了讓校舍儘量遠離馬路，減少噪音來源對受教環境的影響外，也可以透過搭建綠籬來阻擋砂石車呼嘯來去的喧囂。鄭校長

無奈地說，真希望林口一帶的工程能趕快結束，學校就不會每天都得承受這樣的噪音干擾。

我拿著龍森給我的噪音分貝計對著馬路測量，當大卡車通過時，居然可以到達90分貝，非常驚人。但是一走進長坑國小，很快地我就被校園池塘中的貢德氏赤蛙的聲音所吸引。儘管噪音無所不在，我卻可以聽到綠繡眼、白頭翁、八哥，還有遠方筒鳥與白腹秧雞的叫聲，可惜這樣豐富精彩的自然聲景，輕易地被埋沒在各種人為噪音的世界裡。🎧³

孩子們熱切地跟我分享他們如何在繪製噪音地圖中，發現各種噪音的來源，他們甚至覺得學校的鐘聲與廣播都可能是噪音的來源。這個新發現，帶給學校新的思惟，校長老師開始討論除了在音量上加以控制外，是否有更友善的替代方案。據我所知，有些學校已經在考慮用傳統人力敲鐘的方式，來取代現成的電子鐘聲，不論是否達到減噪取靜的目標，至少是一種更人文的展現。

趁著採訪空檔，我試著教導孩子如何使用我的麥克風跟耳機，看他們專注聆聽的表情，我知道他們已經在享受聲景上有了嶄新的體驗。我輪番介紹周遭生物，讓孩子能記住這些動物的聲音，同時也建議學校帶著孩子開始畫另一張地圖，那就是友善的悅音地圖。我指著眼前樹上一隻白頭翁跟孩子們說：「你看在這樣的噪音中，牠必須很用力地叫，其他鳥兒才聽得到呢！」戴著耳機的小男孩看著我，神情堅決地點點頭。

我相信，懂得聆聽的孩子，將會為這個世界帶來改變。至少，他會有更多選項，來為自己身處的聲景品質，做更多的堅持與努力。

守護那被遺忘的存在

當我們願意開放自己的感官向環境對焦,去聆聽那些被遺忘的存在,這種覺察的開啟,無疑是生命的提升與進化。

每次走在植物園中,我都能感受到這片森林的轉變,其中一個明確的感覺是,這裡越來越吵。我注意到園中許多灌木都被整理清除,並開闢出許多新步道,就聲景的觀點來看,以前樹林遠比今日來得茂密,層次比較豐富,當然防噪的遮蔽性較好,生物也有多樣的躲藏空間,過去可以聽到的自然旋律更多元豐富。如今植物園已不再清幽,周遭充斥著施工的敲打聲、空調聲,掩蓋過那細碎的鳥鳴聲,我突然感到懊惱,雖然我知道它在轉變,卻沒有足夠的證據來彰顯這一切,如果十年前我就開始定點錄音,相信許多感受與事實都能不言而喻。

「聲」入研究,建構生態樣貌

記得幾年前參加了一場「生物聲學」(Bioacoustics)的研討會,我第一次發現,原來有許多不同領域的學者,都從聲學的角度來進行各種各樣非常有趣的研究。他們關注的範圍很廣,包括動物如何利用聲音來彼此溝通、噪音如何對生物造成影響,以及昆蟲、青蛙、海底鯨豚等不同物種的聲學研究,聲學與環境變遷……,多樣性的主題,令我非常驚喜。

透過那次研討會，我有機會認識全台灣研究生物聲學的學者，後來他們都成了我廣播節目「自然筆記」邀訪的對象，其中一位就是姜博仁，之前我從來沒見過他，研討會當天，我也上台簡短分享了我的工作經驗，會後一位看來斯文白淨的男孩主動前來攀談，送我一張他所製作的「森聲不息——台灣中大型哺乳動物聲音圖鑑」，並向我介紹他的身分。

我忽然一驚，因為我早已聽過姜博仁這號人物，也知道他一直在台灣山林中尋找消失的雲豹，只是他的文青外表實在很難與剽悍的登山高手聯想在一塊，更出乎意料的是，他對野地錄音工作也非常在行。

在台灣錄鳥音的專家不少，但是要能完整掌握哺乳動物的聲音，則是困難重重。在博仁收錄的名單裡，除了常聽到的台灣獼猴、山羌的聲音外，還有赤腹、長吻、條紋三種松鼠，以及食蟹獴跟黃喉貂的聲音，而且他錄到的居然是食蟹獴媽媽和孩子的對話，這樣的記錄讓我讚佩不已。

其實博仁碩士以前是念資訊工程，一直到了博士班才開始轉向野生動物的研究，這樣的轉變已經夠奇特了，關於他登山或研究的傳奇故事我也多有所聞。但還不僅於此，他是我錄音工程上最常諮詢的朋友。我知道他花了上百萬購置各種錄音器材，其中幾支高檔的麥克風讓我非常心動，沒想到博仁慷慨地願意借我試用，而我就像是開著借來的百萬名車般，過足了乾癮。

過去在尋找雲豹的過程中，博仁會利用四百台自動照相機，不辭辛勞地在山林野地到處布局，然後透過上萬張監測拍攝的照片，作為研究的判讀證據。這種方式雖不是創舉，但卻讓人看到研究者的毅力與決心，因為這樣的過程極為艱辛，並且充滿挑戰，而他的冒險精神也充分展現在研究方法上的突破。

二○○九年，林務局委託屏科大裴家騏老師的團隊，執行第四次全國森林調查工

姜博仁接受「自然
筆記」的專訪。

作。當時姜博仁是博士後研究員,開始應用錄音的方式來進行環境監測與研究,他
以「野生動物自動錄音調查技術的應用與評估」作為四年研究計畫的主題,前兩年,
他針對錄音地點的空間設定,以及錄音的頻度、流程、後續資料的分析模式,做了
全面的規劃。

最初他選擇十五個測試地點,採取合適的錄音器材,進行二十四小時全天候的錄
音調查。但是這些野地蒐集回來的原始資料,在分析處理時卻面臨考驗。

首先,要靠人工聆聽全部好幾千小時的聲音資料,簡直是不可能的任務,但是用
電腦分析的準確性不如人耳辨識。於是他建構出一個模式:每天聆聽日出前後的
十五分鐘,加上每小時兩分鐘的取樣聆聽。而夜間錄音則是以電腦聲譜進行全盤
掃描,這樣就可以掌握約百分之八十以上的正確率。頭兩年調查的目標主要是針
對鳥類,而且只單純針對「物種」來記錄。

第三年起,他開始延伸到「數量」的調查,其中的關鍵在於更精進的錄音技術,
以四軌環繞的聲音來還原立體空間。不但提供物種本身的資訊,也建立了數量統
計的參考架構。到了計畫第四年,姜博仁進一步探討時間的因素,依據季節(繁
殖季、冬候過境期)對應調查的物種,讓研究主題更為精準。

公民科學家可以協助完成
許多不可能的任務。

解放學術專業，公民「聲」力軍

以聲音作為環境的監測與研究，在國外已行之有年，成立於一九一五年的康乃爾鳥類研究室（The Cornell Lab of Ornithology）即為箇中翹楚。它是結合研究、保育、觀賞等多目標的機構，能針對不同年齡層的民眾，提供深入完整認識鳥類的資訊。研究室的組成分子，不僅有科學家，還有喜愛野生動物的一般民眾，合力為學術研究、科學教育、環境保育而努力。

其中最特別的莫過於一群「公民科學家」（Citizen Scientists），也就是讓一般市民藉由基本的科學訓練，自願協助各種科學研究調查，並將資料提供給研究室整合與判讀。像「繁殖鳥類調查」（Breeding Bird Survey，簡稱 BBS），這群公民科學家就肩負著非常重要的職責。

BBS 的研究方式，是在固定的樣區內設立調查樣點，並在鳥類繁殖季節，由一群調查者前往觀察與記錄鳥的種類與數量。這樣的觀察，除了視覺之外，更重要的是仰賴聽覺。調查者必須透過鳥音的辨識，來進行記錄。

這套研究方式後來也於二〇〇九年，由台大生態學與演化生物學研究所李培芬教授與中華鳥會共同引入台灣，並建立了「鳥音資料庫」作為辨識的基礎。到了二〇一一年，特有生物研究中心加入「台灣繁殖鳥類大調查」（BBS Taiwan）的計畫，開始廣招「公民科學家」來協助調查工作。

截至目前為止，已經有三百三十五位的「公民科學家」，這群人有些是鳥會的志工，有些是對這份工作有興趣的社會大眾，他們要在全台灣三百六十多個樣區，總共三千多個據點進行調查。就時間軸來看，主要調查的月份是三到六月的鳥類繁殖期。調查者採取定位調查法，也就是三百六十度全方位的聽音辨識。這樣的方式考驗著調查員的「聽功」，因為每種鳥都有幾種不同的歌聲。記得有一次我

錄過一種很像替小兒催尿的噓聲，後來才知道那是黃嘴角鴞求偶的叫聲，跟我們一般聽到的典型全然不同。這樣的功力，需要多年野地經驗的累積。

鳥音補習班，專治疑難怪「聲」

特生中心棲地生態組組長林瑞興，是鳥類學家，也是培訓這群「公民科學家」最重要的靈魂人物。他說，透過公民科學家的力量，能涵蓋更廣的科學調查面向，也能持續累積研究資料，長期來說，這些研究內涵彌足珍貴。

過去我在野地錄到不明歌手時，都是向林老師求救。這位鳥音達人，協助過不少民眾在鳥音辨識上的疑難雜症。但是當他也遇到瓶頸時，就會要求把這些「怪聲音」傳到網路上的一個神祕基地──「鳥音補習班」。其中「聲音討論」的論壇上，可是臥虎藏龍。有一回，我把在內洞錄到的一段聲音傳上去，那背後的歌手考倒許多專家，結果居然在這裡破解，答案是：「小彎嘴的母鳥」。這段歌聲在網路上引起一番討論，儘管這些幕後高手我都不認識，但是終於明白，原來有一群對動物聲音痴迷，並持續研究記錄的同好，他們不僅會分享自己的專業，還會相互支援切磋，增進彼此的功力。🎧[4]

這樣的力量，正慢慢培育出一批新的聲景保育員，他們擁有絕佳的聽功，不僅可以協助科學調查，建立更完善的資料庫，同時在環境教育上，也可獲得更多發揮創意的有趣素材。當然，我相信不論是對姜博仁或是林瑞興而言，透過聲音能為保護土地帶來力量，正是這一切熱情的來源。

雖然，因為生物間無法踰越的鴻溝，我們終究難以完全解碼動物的語彙。但是至少，當我們願意開放自己的感官向環境對焦，去聆聽那些被遺忘的存在，這種覺察的開啟，無疑是生命的提升與進化。

透過聲音來進行環境生態監測，可以
提供更完整的資訊內容及面貌。

□

變遷中的城市聲景

留下這些歷史的跫音，讓我們不僅有了回味的空間，也可以展現歲月演進的痕跡。聲音，是自己與過去鏈結的重要線索。

李志銘帶著一堆 CD 出現在我的錄音間，他所蒐集的聲音資料庫，有著歷史上的重要意義：包括了一九六九年日本野鳥專家蒲谷鶴彥（1926-2007）錄到的阿里山森林鐵道錄音、水晶唱片錄製的台北華西街叫賣聲，以及最早收錄的東部卵石海岸浪聲……。對同樣是喜歡傾聽的人來說，這些聲音讓我驚喜不已。

這是我第二次採訪李志銘。一切的機緣源自於我拜讀了他的作品《單聲道——城市的聲音與記憶》。我相信那是一種頻率上的共震，因為翻開書才讀了幾行字，內心立刻掀起一陣澎湃。這是一本關於「聲景」的作品，談到不同世代的聲音記憶，也談到聲音在城市變遷中所呈現的座標位置。我被書中的聲音風景深深吸引，告訴自己一定要認識這位作者。

聲音考古，喚回昔日記憶

志銘是一位非常優秀的寫作者，他的著作《裝幀時代》《裝幀台灣》及《單聲道》連續獲得金鼎獎的肯定。我知道他非常善於在舊書中尋寶，但是我不知道他更是挖掘老聲音的高手。他收藏了三百多張黑膠唱片，有老歌，也有各種稀奇古

1 | 2 | 3

1 志銘在「愛悅讀」節目中接受我的專訪。
2 行經台北市大安區的媽祖繞境活動。
3 靜巷中的聲景,是台北市的特色之一。

怪的吆喝叫賣記錄與自然天籟。他像是一位星探,讓這些被遺忘的聲音,重現了生命的亮度與光彩,同時賦予了時代上的重要意義。他說自己其實熱愛聲音的考古學。

我仔細聆聽了那段蒲谷鶴彥在阿里山車站錄到排骨便當的叫賣聲,以及蒸汽火車的汽鳴聲,彷彿身歷其境。這是一九六九年的錄音記錄,我趕緊把自己二〇一二年於阿里山沼平車站所錄的聲音找出來,同樣是人聲熱絡,但是火車呼嘯間的速度與節奏、鳴笛聲全然不同,我把兩段聲音放在一起比對,電腦上呈現兩段緊密連結的波型,卻是相隔了四十三年的聲景轉變,這樣的聆聽經驗,相信對許多人來說,都會帶來感官上的震撼。🎧5

還記得一九八八年,我在幼獅廣播電台主持一個校園廣播節目,曾經製作了一集「淡水的最後列車」。當時從台北火車站開往淡水的鐵路,正因為未來的捷運施工,面臨被拆除的命運,讓人非常不捨,因為這條鐵路曾帶給許多人獨特的回憶,我也是其中之一。

高中時，我是攝影社的社長，很愛四處尋找拍攝主題，尤其愛約同學去淡水拍照。
那時淡水新市鎮還沒有開發，四周田園阡陌配合著河畔夕照特別浪漫，我也愛在
巷弄間和古蹟、老建築相遇，去感受那種穿透時空的寧靜氣息……。大學後，淡
水開始盛行單車旅遊，帶動不少人潮。接著商家進入、車潮湧入，當年的氛圍隨
著鐵路拆除而逐漸遠颺。我手中還保留了當時太平洋音樂所出版《淡水最後列車
＆音樂之旅》的卡帶，細膩地記錄了士林站的夜市聲、關渡站的雨聲、淡水站與
舊街的音景。想想看這些場景，竟與今日捷運窗外的一景一物，有了二十年以上
的時空距離。

大部分的人，都是透過視覺來記憶周遭的一切。然而比起老照片所具備的穿透
力，我覺得老聲音似乎更能把人帶回現場。

世界調音，保存特色「聲標」

事實上，人對聲音世界的覺醒，跟噪音帶來的傷害，有著絕對的關係。我在志銘的

書上，看到了一位非常關鍵的人物——蕭佛（R. Murray Schafer）。這位加拿大的音樂家，在一九七七年寫下了關於「聲景」的經典著作《世界調音》（*The Tuning of the World*）。

蕭佛讓世人重新去學習關注我們身處的聲音世界，特別是工業革命後鋪天蓋地所帶來的環境噪音，讓我們清楚察覺，原來人類對於這個世界聲音的組成與改變，有著絕對的責任。

身為一位音樂家與環保主義者，蕭佛不但讓我們看到一個由視覺所宰制的文化面貌，並強調相對於「地標」（landmark）的功能，「聲標」（soundmark）所應該具備的在地特質。但是我們對這樣的聲音保存並沒有警覺，特別是純粹的大自然聲景。

多數人對聲音的心靈感受都是透過人為音樂來操控，甚至透過這些音樂的散播，造成所謂的聲音帝國主義（sound imperialism）。的確，如果你今天走在台北的東區街頭，可能跟東京的銀座，甚至跟紐約梅西百貨公司（Macy's）內聽到的聲音是一樣的，但是，大部分的人對自我聲景特質的損失毫不在意，因為交通所帶來的噪音，繼續讓世界聲景模糊地混在一起，所有的特色皆被覆蓋在噪音之下。

噪音，讓人連自己的腳步聲都無法聽見，最後的結果，是在我們跟這個世界之間築成一面無形的牆，阻絕了鏈結的機會。蕭佛的觀點影響了許多人，著名的美國前衛音樂始祖約翰‧凱吉（John Cage），就稱蕭佛是他心目中「最偉大的音樂老師」。事實上，凱吉本身也是一個傳奇人物，他最著名的音樂作品《4' 33"》有三個樂章，卻沒有半個音符，演奏者就靜靜坐在鋼琴前，整整四分三十三秒，用無聲的音符來演奏一首不凡的作品。

但那四分三十三秒，真的是全然寂靜與無聲嗎？還是每回演奏的當下，都因環

境、聽眾發出的不同聲音而成為一種新的創作？至少，音樂家幫我們重新上了一課，深刻的向自我感官挑戰，讓聽覺重新對焦與調音。這些思惟甚至孕育了「聲音生態學」（Acoustic Ecology）的誕生，這門學問所關注的是藉由聲音的媒介，來探討生物與環境之間的關係。今天世界各地都在展開保存聲景的計畫，透過在地聲音的錄製，來尋找獨特的聲音風景。

練習聆聽，尋回土地之聲

我回想起多年前在淡水忠烈祠所收錄到黃鸝的聲音，鳥會的朋友告訴我，以前這裡也可以看到朱鸝，當然，今天牠們的身影已在淡水的天空逐漸退隱，而我曾錄到的許多聲音也已成為絕響。

這幾年我也見證了製作紀錄片時，都會犯下的通病：那就是把音軌關了，回錄音間重新配音，再用音樂「美化」一切。雖稱環境紀錄片，卻扭曲真實，甚至拍攝過程製造了巨大的噪音，不但無法反應真實聲景，還讓生物飽受驚擾，都應該檢討與反省。

因為噪音，讓我們拒絕聆聽。也因為拒絕聆聽，我們連擁有什麼，或是失去什麼都不知道。因為我們不善於聆聽，也無法解讀聲音背後的訊息與力量。志銘在書上寫著：「聽聞鳥鳴聲背後所代表的意義，毋寧更取決於當時的社會環境。」不懂得聆聽鳥語，是否也是我們這個世代的失落呢？

如今，我們應該努力的，是找回屬於這片土地的聲音，不論是自然天籟或是人文上的音景。這些資料，有著文化創造與美學建構上的意義，更重要的是，留下這些歷史的聲音，讓我們不僅有了回味的空間，也可以展現歲月演進的痕跡。

聲音，絕對不是配角，而是理解自己與世界的重要通路。

□

黑膠中的田野聲景

蒸汽火車、城市聲景、寂
靜禪寺、野鳥錄音……，
感謝承載多樣歷史聲音的
黑膠，讓我欣賞到那些走
過田野的繽紛身影，也找
回自己最初的悸動。

我跟李志銘因為「聲景」而結緣，有一次志銘主動邀請我去王信凱的「古殿樂藏」挖寶。他說，信凱那裡最近來了一批新的黑膠，其中有些是關於日本早期聲景的作品，甚至還有最早的野鳥錄音。光是聽到這裡，我就知道非去不可。

王信凱本身是歷史博士，非常喜歡蒐集歷史錄音，特別是古典音樂作品，不過其他的民族音樂或是另類音樂也不在少數。他在捷運竹圍站附近所開設的「古殿樂藏」唱片藝術研究中心，可說是黑膠樂迷必定朝拜的聖殿。

日本聆聽文化的觸發

初次造訪，信凱就熱情地搬出非常多張讓我讚嘆不已的黑膠唱片。從田野錄音的角度來看，我對那些製作年代是在我剛出生，甚至是我出生之前所錄製的蒸汽火車、城市聲景、寂靜禪寺……特別有興趣，顯示日本人有非常悠久的聆聽文化，這些歷史登音不僅展現了在地特色與歷史保存的價值，也顯示在他們社會中，有一批懂得欣賞聲音美學的發燒友，願意支持這樣的作品。

或許這樣的聲音愛好者，都是一些喜愛音響工程的人。因此在這些作品中，錄音師都清楚記載他們是如何錄音，用什麼樣的麥克風，以怎樣的角度與想法來完成各種聲音記錄，這樣的細緻與用心帶給我非常大的震撼與感動，並提供許多創作上的靈感。

這些早期的黑膠唱片大概是一九六〇到七〇年代錄製的，那時候的台灣雖然稍稍脫離了一九五〇年代白色恐怖的肅殺氛圍，社會風氣還是相對封閉。記憶中小時候聆聽過的黑膠主要都是音樂作品，長大之後去唱片行找的也多是西洋流行音樂或是民歌，這類田野錄音在我的聆聽養成背景是陌生的，唯一記得的是，當時在中廣李季準的廣播節目中，偶爾會聽到他收錄的環境聲響，像是廟口前的攤販、港口或是夜市的聲響，配合他低沉磁性的聲音，讓這些空間增添了一種「感性」

的獨特魅力，原來他不僅有好的嗓音，也有好的賞音品味，這一點我後來才明白。

原住民動人天籟的感悟

一九八〇年代我在大學念書時，印象最深刻的田野錄音作品，就是呂炳川教授（1929-1986）所採集的原住民歌曲。我頭一次發現，那些單純的吟唱跟我從小到大聽過的「山地音樂」完全不一樣。一九八七年，我第一次在學校電台播放布農族的「八部合音」——〈祈禱小米豐收歌〉，那純淨動人的天籟美聲，聽在有些同學耳中卻覺得「陰森恐怖」。但是這些聲音已經深深震撼了我，我開始研究原住民音樂還有讓我著迷的文化內容，甚至寫了一篇「鄒族社會的傳播研究」，隔年發表在政大新聞系的《新聞學人》期刊上。當初聆聽到呂炳川收錄的這些聲響，喚起我血液中潛在的人類學基因。

沒想到這麼多年後，我又在信凱的「古殿樂藏」，跟呂炳川的《台灣土著族音樂》相遇，這張黑膠是一九七七年由日本勝利唱片發行的，據說它還代表唱片公司去參加日本文部省舉辦的藝術祭，榮獲大獎，但在台灣似乎並未獲得相對的重視。

這次，我終於有機會好好認識這位台灣第一位民族音樂學博士。呂炳川在日本留學期間，開始研究民族音樂。從一九六六到一九七九年，他走訪了台灣一百一十個村落，進行原住民的田野錄音，留下非常豐碩的成果。他甚至在屏東四重溪、台東山區採集到〈思想起〉這首曲子，並依據當地的節奏、唱法，判斷它是由平埔族的西拉雅族歌謠演變而來，所以是一首被「漢化」的民謠作品，這樣的研究到今天仍然讓人驚豔。

野地自然聲音的召喚

受到民族音樂的鼓舞，我也拿起錄音機與麥克風，去採集我能蒐集到的原住民歌

曲和語言，不過這樣的興趣沒能一直持續，就跟大部分的人一樣，我在大學畢業後繼續攻讀研究所，接著到知名的媒體工作，儘管我並不認為那是我真正的志趣。一直到開始賞鳥，我的內心似乎又回到了初次聆聽八部合音的震動。只是這樣的情境，是來自於那些隱身在灌叢後，還有濃密枝葉縫隙間的騷動，我專注地搜尋，彷彿有種深不可測的好奇緊緊地攫獲了我。在野外採集自然聲音，絕對是脫離一般人的舒服圈，我所面臨的，是既無特定模式，也無特定旋律，四面八方而來的不確定，但這卻不可思議地帶給我一種前所未有的安定感，我幾乎可以聽見心中的歡賀聲。

一九九七年剛開始投入「自然筆記」製作的那一年，我「聽聲辨鳥」的功力並不好，那些在野外收錄的聲音常常讓我十分困擾，也不知道該如何解惑。我唯一找到的鳥音圖鑑，是由劉義驊錄製、玉山國家公園所出的《山之籟》，總共記錄了二十多種鳥鳴聲，對當時的我來說簡直是如獲至寶。另外，楊懿如在陽明山國家公園所出版的《青蛙賞音圖鑑》，對野外錄音辨識也有極大的幫助。接著風潮唱片開始結合音樂與自然天籟推出環境音樂作品，透過徐仁修、廖東坤、孫青松、吳金黛……的野地錄音，搭襯著優美悅耳的演奏音樂，果然引起相當大的「風潮」。這系列的作品，也成為「自然筆記」最鍾愛的背景音樂選擇，記得一九九九年，台灣第一張大自然音樂《森林狂想曲》推出的時候，還在植物園熱熱鬧鬧地舉辦了戶外音樂會，當時的我躬逢其盛，擔任這場活動的主持人。

接下來在公共空間，比如餐廳、百貨公司、書店……，經常可以聆聽到這樣的音樂，而一些本土生物的聲音，不論是飛鼠、山羌、獼猴、野鳥……也意外地在城市各種空間躍然而出。似乎這樣的音樂作品，反映出現代人期待「反璞歸真」的心靈想像，雖然多數人恐怕都不識那些動物歌手的「廬山真面目」。

除了公部門外，台灣罕有商業唱片公司會出版純粹聲景的作品。我唯一知道的，是一九九七年水晶唱片發行的專輯《浪來了：傾聽‧台灣的話》，收錄了花蓮吉

SJV-1084

滅びゆく蒸気機関車
——義経号からＣ62まで——

監修/構成　関沢　新一
　　　　　松沢正二・三浦慶一

1 | 2
|___|
　3

1 信凱正在跟我分享他的
　收藏。
2 古老唱盤傳來的音律，
　豈止是「懷舊」而已。
3 日本人非常注重田野錄
　音的技術與保存。

安鄉四十七分鐘海浪拍岸聲，算是台灣田野自然錄音的一項創舉。

蟲膠鳥鳴唱片的探究

但是在日本，這樣的錄音作品比台灣早了六十年以上。我在信凱的收藏中，看到一張大約是一九三〇年代所出的七十八轉蟲膠唱片，蟲膠是比黑膠的賽璐珞質地更早用於製作唱片的原料，主要是手搖式留聲機專用唱片，出版時間約為一八九〇到一九五〇年。蟲膠是昆蟲分泌的經濟產物，這種奇特的成分現也應用在食品添加物中。信凱所擁有的這張唱片，算是非常珍貴的鳥鳴作品。唱片上並沒有寫錄音師的名字，但是卻寫著「調鶯軒」，可能是錄音者的名號。其中一面寫著是「金絲雀」，另一面則寫著「稻繼」。後來一位精通日文的朋友告訴我，「稻繼」或許就是錄音的地點。

看著信凱一面剎著竹片唱針，一面搖著唱機把手，彷彿正在進行某種神聖的儀式，我端坐凝神，聽到那遙遠時空傳來的鳥鳴。那段金絲雀的啁啾，非常清晰明亮，猜想應該是籠中之鳥。接著，信凱翻向另一面播放時，古老的唱機傳來了我非常熟悉的音律，我立刻聯想到——台灣小鶯！它最典型的旋律是「你～～～回去」，每回我在野外跟朋友介紹這種鳥鳴的諧音時，總會引起一陣笑聲。不過，我聽得出來，這隻日本鳥跟台灣小鶯在腔調上有些不同，但絕對是鶯亞科的鳥類，這類鳥又被稱作報春鳥，經常會在農田附近的灌叢中出沒，到底八十幾年前，這隻鳥是在什麼樣的情形下被收錄到的，我非常好奇。🎧6

探究這樣充滿歷史的聲音，最有趣的是重新對焦背後的故事。這些聲音所承載的訊息，讓我們經歷我們並不存在的空間，悠遊在當時的情境與自己想像的真實中。謝謝信凱的黑膠，讓我欣賞到那些走過田野的繽紛身影，也找回自己最初的悸動。

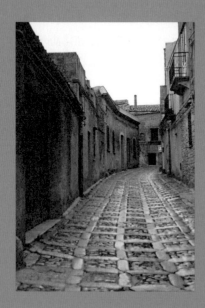

越境尋聲

□

月夜、古城、鐘聲

西西里尋聲記（上）

我從來沒有想過，因為「傾聽」，我會來到西西里島。更沒想到，我會在這座古城度過四個晨昏，遇見許多有趣的人物，更聽見那些讓我為之著迷的聲音。

車子摸黑開上山，海拔七百五十公尺的古城在月光薄霧中隱隱浮現。這車上除了我、義大利的司機，還有一位荷蘭學者山達（Sander von Benda-Beckmann），他是專門研究聲納的學者，也是我在機場認識的第一位科學家，我們都落了單，在等候接送的漫長過程中成了朋友。

鯨魚擱淺的未解之謎

山達長得人高馬大，氣質卻非常溫文儒雅。聽他談到聲納，我立刻想起黑潮海洋文教基金會的賴威任曾播放一段不明的海底錄音，我懷疑那是種聲納的聲音。好幾年前，我曾追蹤一則新聞，當時台東的成功擱淺了九隻短肢領航鯨，我回想之前在《自然》期刊上讀到西班牙海軍在加那利群島（Canary Islands）進行軍事演習，造成了十四隻鯨魚擱淺死亡的事件，不禁懷疑那次台灣大量鯨魚擱淺，會不會與軍方演習有關？加上後來在英文報紙上，又讀到一則台灣海軍購買兩套美製的低頻聲納系統（Low-Frequency Active Sonar，簡稱 LFAS），來加強海軍反潛艇偵測的新聞，我心中更是充滿了憂慮。這件事我始終沒有找

到答案，軍方也以國家安全為由，拒絕向我透露實情。但是聲納對海洋的影響，卻是全世界的海底聲學家都在討論的課題，也是山達研究的重點。

聽到我如此關心低頻聲納系統對海洋環境的影響，山達終於明白我為什麼千里迢迢來到這裡取經。他要我把聲音寄給他鑑定，因為這正是他研究的主題之一。山達目前在荷蘭應用科學研究院（Netherlands Organization for Applied Scientific Research，簡稱 TNO）工作。這個組織接受政府與非營利單位委託的研究計畫，有點像是我們的工研院，致力於發展產業和社會福祉的各項創新任務，而山達研究的出資者主要是軍方，這種兼具國防與環境研究的主題及工作內容，在西方已經非常普遍。

不過讓我印象深刻的，是山達的家世背景。他的父母都是荷蘭著名的人類學家，山達小時候曾經在印尼小島上住過，多元文化的接觸，讓他在同齡的孩子中顯得分外早熟。他原是天文物理學家，後來才轉為研究海洋物理與聲學；同時，他也是位才華洋溢的爵士鋼琴手──這一點，我是之後才發現的。

千里迢迢的取經之旅

我跟山達一路暢談，當車內顛簸停頓下來，我推開車門，立刻被夜色中的寂靜氛圍所籠罩。行李箱的輪子和相傳已有數百年歷史的卵石路面產生共震，在起伏的節奏中，我意識到自己離家真的很遠了。我想起嚴宏洋教授跟我說的：「別忘了欣賞沿途的風景，那裡真的美得不得了。」但是我到達時，天已經全黑，西西里長什麼模樣我還全然不知，只記得海關有一隻大狼狗，老是追嗅著旅客的行李箱。我想起來了，這兒可是舉世聞名的黑手黨老家。

促成我展開這趟旅程的嚴宏洋教授，是國際知名的海洋生物學家，專長是魚類神經與感官研究，他是全世界第一位量測出魚類腦波的學者。我因為採訪與他結

識，他知道我關注環境聲音，六月時收到他的信，告知十月西西里島即將舉辦一場海底生物聲學的研討會，他受邀演講，信中還描述了那個十九年前他曾經造訪的地方，「妳一定會愛上那裡，埃利契（Erice）是保存非常好的中世紀古城，更重要的，妳將會認識全世界最重要的海底生物聲學研究者。」這番說詞讓我極為心動，就這樣，我努力讓這個迷人古城成為我搶救寂靜的旅途必到之處。

我從來沒有想過，因為「傾聽」，我會來到西西里島。更沒想到，我會在埃利契這座古城度過四個晨昏，遇見許多有趣的人物，更聽見那些讓我為之著迷的聲音。

1 荷蘭學者山達是我到西西里島後，第一位認識的科學家。
2 西西里島的機場比我想像的更「荒野」。

1 ｜ 2

在昏黃街燈下，我們被引進到一座古老的修道院，這裡原名聖洛克（San Rocco），如今則依核磁共振技術發明者、一九四四年諾貝爾物理學獎得主之名，重新命名為伊西多・拉比（Isidor I. Rabi）學院。古城內有四座修道院，修復完成後成為全世界科學家每年聚會的重要地點。每棟歷史建物都以當代最傑出的物理學家重新命名。創始人安東尼歐・利奇奇（Antonino Zichichi）教授，曾任北約國際科學委員會的主席，本身就是一位義大利物理學家，他以在西西里島出生，最後神祕失蹤的義大利理論物理學家埃托雷・馬約拉納（Ettore Majorana）為名，於一九六二年成立了這麼一個對科學定位與世界展望充滿前瞻思考的科學文化基金會與中心。

埃托雷・馬約拉納基金會底下設立了一百二十三所學校，含括各種不同的科學領域，負責承辦每年在埃利契召開的科學研討會。這裡並不是西西里島上熱門的觀光景點，但是每年總會有數百位科學家造訪，包括了諾貝爾獎得主，以及後進的年輕學者，一同齊聚在這中世紀的寧靜山城中，希望針對科學定位與人類的未來，激盪出更多思想與研究上的火花。

我這次參與的研討會，是由動物行為學校主辦，雖然關注的是海底生物聲學，參與的學者不僅限於海洋生物學家，還包括研究微中子的物理學家。我雖然對相關主題做了些功課，但是老實說，以一個沒有科學背景的人來說，這樣的內容無疑充滿了挑戰。我想了解的幾個核心問題——像是海洋到底存在什麼樣的噪音？對海洋生物造成什麼樣的影響？人類如何面對與處理這些海底噪音？——希望這幾天可以獲得一些方向與解答。

寧靜山城的神祕之聲

我跟山達把行李放置妥當，很好奇為何沒看到其他的人。我不大會使用那把古老的房間門鎖，怎麼都關不上門，於是跟守門房的先生比手畫腳解釋了半天，這

位西西里男子一臉困惑地看著我，表情有些冷漠，讓我想起書上描述的西西里人基本典型——陰鬱、嚴峻、脾氣爆烈。他只回了我幾句義大利文，我立刻明白，接下來的日子我得靠自己了。只是我怎麼也沒想到，這位萍水相逢的吉歐凡尼（Giovanni），後來會讓我感受到非常不一樣的熱情。

我們都拿到了一張地圖，還有一個識別證，這是我們這幾天的飯票。因為只要戴上證件，就可以按圖索驥，到所有名列在古城中的餐廳用餐，而且只需要簽個名就好，完全不用付費。

儘管置身在異域，我很開心此刻還有山達陪我探險。當我們晃到一家餐廳，才發現原來所有的人都在這裡用餐。義大利人的晚餐大多從八點半以後開始，這種「慢活」的生活態度，是台灣許多人推崇的價值，但是此刻的我，只想大快朵頤地中海美食。

儘管外面街道一片死寂，餐廳內倒是熱鬧哄哄。一眼望去全是西方人，山達大部分都認識，他說，他們是義大利當地的學者，我趕緊追問，裡面有帕文（Gianni Pavan）教授嗎？山達看了一眼，對我搖搖頭。他是我這次設定好的主要受訪者之一，也是研討會最重要的策劃者與負責人。想到要跟他訪談，心中還是有些忐忑。我從嚴教授的口中，知道帕文教授是非常優秀的海洋生物聲學專家，特別關注自然聲景，我很期待能跟這位義大利學者好好談一談。

到底這幾天會遇見什麼樣的故事？我心中充滿期待。當我跟山達走回修道院，注意到後方傳來的鐘聲，好神祕的音律，在昏黃黯淡的迴廊中幽幽散播……我出神地仰頭張望，月色迷濛，雲霧飛旋有如漂蕩幽魂，我步步向前，想要琢磨這聲音的源頭。這鐘聲可跟這裡的建物一樣古老？十四世紀的埃利契是否跟今夜一樣沉靜？是否流傳著同樣節奏的聲景？我下定決心，明天清晨將出發去尋找古城的鐘聲，還有那些我即將遇見的聲音。🎧[7]

古城中有讓人著迷的風景，
也有讓人著迷的聲音。

□

海島迷歌
西西里尋聲記（下）

踏入這諸神的夢幻國度，
我雖無法重聞當年女妖的
歌聲，但可以確定的是，
就像那位過境的水手，我
們都對海底傳來的聲音有
種無可自拔的好奇。

不知道有沒有人像我一樣，是從清晨摸
黑的散步開始認識埃利契（Erice），而
且還是來自台灣的野地錄音師？

睡前，我吃了一顆退黑激素，一覺睡到
五點鐘，被手機的鬧鐘喚醒。出外工作
時，我總是提高警覺，這是在自然野地
錄音養成的習慣，因為我必須比鳥起得
更早些。我把一切配備安裝妥當，窗外
仍然一片漆黑。走下台階，庭院種的木
蘭、檸檬樹停格似地佇立，橙花在斑駁
的牆檻上暗香浮動，那尊高舉孩童的修
士雕像也冷眼旁觀。我輕手輕腳地來到
大廳，守門的人換了，不是昨天的吉歐
凡尼（Giovanni），而是另一個矮個頭的
男人，他發現我要出門，起身向我走來。

我向他微笑點頭，雖然只是打算在附近
蹓躂，但畢竟初次造訪，手上沒有地圖、
也沒這裡連絡電話的我，還是不放心地
向這位在地人蒐集一些情報。我想知道
什麼時候天會亮？試著用英文問了一次，
那人立刻用義大利文回答，我琢磨了半
天，猜想是一個小時後。接著我又比了
一個啞謎，想知道一個人在外面安不安
全？我透過身體語言，在脖子上比畫出
切割的手勢，男子被我逗笑了，他吐了

一串義大利文，配合他的肢體動作，被我解讀為「外面根本沒人，你安心去吧。」

探聲，在夢幻國度、神鬼之境

我推開厚重的木門，把自己封鎖在另一個奇特的空間裡。我很快就發現，我的理解是正確的。但是，這位西西里人並沒有告訴我，此刻的埃利契更像是陰氣深重的鬼城。在陽光尚未出來的時刻裡，古老的巷弄間不但霧濃風大，砌石路面可以聽見我清楚的腳步聲，偶爾還會遇到那些走起路完全無聲的黑貓，在月光與昏黃燈影下，好奇地對我打量。

1 | 2 | 3

1 月色古城,在無聲的夜裡分外「寂靜」。
2 埃利契這座古城,每年都有許多來自世界各地的科學家在此聚會。
3 我在夜中守候的是來自鐘塔上的旋律。

我的身上綁滿拉拉雜雜的線,脖子上還掛著耳機和笨重的單眼相機,手上握著的一把指向性麥克風,似乎成了唯一的護身武器。我四處張望,像是格林童話〈糖果屋〉中用麵包屑標識歸途的孩子。我仔細觀察,希望能記得自己走過的確切位置,道路特徵,招牌、窗戶形式⋯⋯,忽然間,聽到左前方十一點鐘的方向傳來了「噹噹⋯⋯」,我立刻把耳機掛上,把麥克風朝著方位向前跟進。就在鐘聲結束的那一刻,我發現自己來到一個陌生的廣場上。

這樣的畫面是充滿想像的,尤其事前已自我灌輸了許多關於這裡的神話故事,這裡的神祕,非屬人間。那是流傳在荷馬史詩中的故事情節:特洛伊戰爭後,落難

王子埃涅阿斯（Aeneas）揹著父親逃難到埃利契，後來船隻失火，一些手下就在此落腳，成了最早的居民，埃涅阿斯還因此建立了埃利契最古老的維納斯，也就是阿芙洛蒂女神（Aphrodite）神廟。另外根據希臘神話，當初幫克里特島上的米洛斯（Minos）國王打造用來囚禁人頭牛身怪獸的迷宮建築大師戴達魯斯（Daedalus），因為國王怕他把祕密洩漏出去，也把這位建築師囚禁起來，於是善於工藝的戴達魯斯藉助於蠟製的翅膀，一路從克里特島飛到埃利契降落。

然而，最讓人著迷的，是希臘神話中搭著亞果號船（Argo）要去尋找傳說中金羊毛的水手，來到這附近海域聽到了金嗓女妖的奇幻歌聲，因為抗拒不了誘惑而跳入大海，後來被阿芙洛蒂女神救起，並帶回神廟中雙棲雙宿。後繼的水手據說也曾依循古老的傳說，在地中海沿岸的古老神廟中，透過女性服事者的性愛儀式，以獲取女神庇護。

這些神話情節絢麗又迷離，踏入這座諸神的夢幻國度，我雖無法重聞當年女妖的歌聲，但可以確定的是，我跟那位過境的水手一樣，都對海底傳來的聲音有一種無可自拔的好奇。

巧遇，於鳥鳴犬吠的拂曉林間

當天幕逐漸透亮，我朝衛城的方向走去，突然間路旁的街燈全面熄滅，荒涼古城像是更幕似地切換音景，前一刻的幽黯寂靜，開始淡淡地竄進了鳥鳴聲。

我終於發現整片的樹林，極目遠眺，這裡的山頭都像是被切割過的巨岩城牆，難得見到有如台灣的青蔥綠意。很快的，我注意到麥克風傳來的歌曲，立刻想起在合歡山冷杉林枝頭錄過的鷦鷯（Wren），在台灣雖然是一百多年前一位英國博物學家古費洛（W. Goodfellow）幫牠定了名，但是早在中國的古詩詞中就可見「鷦鷯」之名。其實這種鳥普遍分布在北半球地區，之前戈登‧漢普頓寄給我在

北美霍河雨林中的鳥音也有鷦鷯的歌聲，但是生活在西西里、美國跟台灣的鷦鷯在曲風上是否有所異變，倒是一個有趣的生物聲學研究主題。🎧[8]

我專注聆聽，卻忽然聽到急促的喘息聲，那聲音的輪廓越來越清晰，越來越逼近，幾乎朝我飛撲過來，我趕緊回頭，一隻情緒激昂的狗兒直接衝向我，他的主人緊緊跟隨，一看居然是昨晚遇見的吉歐凡尼，他的神情顯得既驚訝又愉悅，跟之前的嚴肅冷淡全然不同，我想在這片拂曉的深林間遇到一個正在錄音的東方女子，對這位西西里男子與這條興奮的狗兒來說，都是一種奇特的經驗。

不過，我們很難有所交流，吉歐凡尼靦腆地笑了一下，只說了一句Ciao（你好）。我也回了一句Ciao。當然，這樣的相遇似乎是一個伏筆，因為接下來，我幾乎每天都會在不同的地方遇到吉歐凡尼，有一次甚至是在郵局裡，我想寄一張明信片給朋友，正在困惑該如何處理時，吉歐凡尼突然拿著包裹出現在門口，也順便幫我解決了難題。我們似乎很有緣，也許是因為古城太小，怎麼轉都會遇見同一個人。然而，我也不禁揣想，或許在某個時空中，我跟他早已熟識，當然，這番迷情想像只能留在電影的劇本裡。

夢想，在充滿溫暖與反思的科學殿堂

結束了清晨的探險，我緊趕回到這幾天研習的據點——聖多尼克修道院（San Domenico Monastery），如今更名為帕特里克·布萊克特（Patrick M.S. Blackett）學院，也是以一位卓越的諾貝爾獎得主來命名。講堂入口的看板上，引述了一段這位大師在一九六二年的經典名句：「我們實驗主義者並不像是理論主義者：一個原創想法不能只印製在論文上，而是藉由原創實驗的完成，才得以展現。」（We experimentalists are not like theorists: the originality of an idea is not for being printed on the paper, but for being shown in the implementation of an original experiment.）

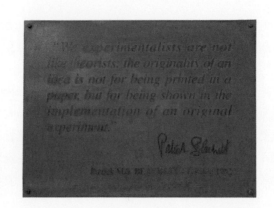

帕特里克‧布萊克特
（Patrick M.S. Blackett）
一九六二年經典名句。

這段文字讓我震懾，那不只是對著科學家說話，更是對所有懷抱夢想的人的深切靜言。對我的啟發是，所有的夢想都不能紙上談兵，要能夠透過創新的格局，努力去落實完成，這樣的夢想才有真正的意義。

這棟建築外觀極為莊嚴古老，裡面卻有設備完善又寬敞的演講廳，並以英國理論物理學家保羅‧狄拉克（Paul A.M. Dirac）命名，他堪稱現代物理量子力學的重要奠基者。大廳旁的階梯可以直通頂樓，也是研討會漫長過程中暫時喘息的交誼廳，這裡的視野有如月曆上的風景圖片，廣袤綿延，連巔起伏讓人陶醉。我想起那傳說的海中吟哦，一如縹緲仙跡，幻化成眼前的山水。這絕對是一處可以雲遊物外的天涯海角。

除了美景招待之外，大會貼心地在這裡準備茶水與點心，供參與的學員教授們享用。在這個科學家聚會的重要基地，我注意到牆壁四周掛滿了世界頂級的科學家們對科學提出的思索與期待。其中唯一的中文，就是丁肇中博士所寫的：「自然科學的發展是世界上各國科學家共同努力的結果。科學發展的成就應該為滿足人類的知識和幸福，不應該用來消滅人類。」

自然科學的發展是世界上各國
科學家共同努力的結果。
科學發展的成就應該為滿足人
類的知識和幸福，不應該用來消滅
人類。

丁肇中
1984.12.5.

	1	2
3		4

1 古色古香的講堂外觀。
2 走過千里，在此與丁肇中博士寫下
　的文字相遇。
3 瑞可班尼（Giorgio Riccobene）是一
　位粒子物理學家。
4 帕文（Gianni Pavan）教授是海洋生
　物聲學學者。

噪音無疑是科技帶來的產物。然而，我今天所面對的科學家們，都嘗試應用不一樣的科學方法，去解決關於海底噪音的議題，不僅為了滿足人類的知識與幸福，還有其他生靈的幸福。我真的相信，科學家心中要始終秉持著「慈悲」，永遠不能只想自己，而是藉由自己的研究與發現，讓世界變得更加美好。

這真是一個美妙的空間，因為科學在這裡已經不是冷冰冰的學問，而是充滿溫暖的人文風采與濃厚哲學反思的交互迴響。我很慶幸能親身感受這一切，也對同意讓我以非科學家身分來參與盛會的帕文（Gianni Pavan）教授充滿感激。

在休息片刻中，我終於找到機會主動去跟帕文教授打招呼，並跟他預約訪問時間。其實，我在網站上已經找到帕文教授學術研究的背景，了解他從一九八〇年代之後就開始研究生物聲音，最早是鳥音的錄音，後來不僅關注森林原野的自然聲景，還擴展到海洋生態的保護，帕文透過水下麥克風的錄音技術，探究海底哺乳動物的聲音辨識、族群量、遷徙路線……，當然，他也注意到各種人為噪音對這些海洋生物的衝擊。

跨界，從遙遠太空到深海鯨魚

帕文目前除了在帕維亞大學（Pavia University）教授生物聲學外，也擔任義大利生物聲學與環境研究中心（Centro Interdisciplinare di Bioacustica e Ricerche Ambientali，簡稱 CIBRA）的執行長，這個組織在一九八九年成立了海洋生物聲學實驗室，帕文的焦點是鯨豚的調查工作，就在有一次他來到西西里島上，遇到了瑞可班尼（Giorgio Riccobene），他是義大利國家核子物理研究所的粒子物理學家，希望證明水下麥克風能用來偵測來自遙遠太空的微中子，而帕文正好可以幫他處理錄音內容裡的噪音。

瑞可班尼的團隊在義大利西西里島東部卡塔尼亞（Catania）外二十八公里的地中

海底下，水深三千五百公尺的海域，裝設數千個光學偵測器，希望在微中子偶爾與水分子反應時，能捕捉其中的訊號，並藉此掌握遠方超新星形成等珍貴資料，但是這些大量聲波檔案中，瑞可班尼必須知道哪些是海底真正的聲音，因此海洋生物聲學家與天文物理學家開始共同合作，將這套原本為天文物理研究所設置的水下偵測系統，運用來協助帕文進行深海鯨類的調查。

海底絕對不是我們所想像的那麼寂靜。從二〇〇五年開始，瑞可班尼的團隊在測試點安裝了四架高感度水下麥克風，並用光纖電纜將資訊傳回碼頭邊的硬碟，很快他們便開始獲得資料，帕文能聽見海底許多噪音，多數來自水流與船舶運行，包括大型船隻的渦輪、聲納音波，還有爆炸聲，但他特別注意到一種短促而規律重複的聲響，那是抹香鯨的呼吸系統擠壓空氣時的特殊聲音。帕文認為，抹香鯨藉此來估計海深與獵物之間的距離，如同蝙蝠使用迴音定位一樣。

在二〇〇五至〇六年的研究期間，這套系統對於研究抹香鯨族群遷徙與對環境噪音的反應有非常大的幫助，但是卻沒有真正掌握到微中子的訊號，此也顯示出海洋聲學的調查需要更長尺度的資料才能真正判讀。這樣的研究機緣與背景，促成了這次二〇一三年十月於義大利埃利契召開的水下聲學研討會，世界各地的海洋生物聲學家與天文物理學家齊聚於此，分享彼此研究的成果。

帕文把這一切來龍去脈跟我做了非常清楚的說明，他說，真的很高興看到我來，因為能讓更多人了解這些研究的趨勢與成果，尤其是閱讀華文的讀者。但是我也在想，台灣的科學家有可能進行這樣的合作嗎？如果要讓研究更具有前瞻性與影響力，不同領域的跨界資源整合是非常必要的。

傾聽，面對海底噪音的衝擊

我很好奇帕文當初為什麼會以聲音來研究自然，帕文用著他溫柔的義大利腔調

說，他的父親是昆蟲學家，從小耳濡目染，因此帕文的志願就是要做跟自然保育有關的工作。不過他對音樂也很感興趣，特別是音響工程，十八歲開始玩錄音，大學時原本想學電機工程，但是在父親的影響下，他還是走向自然生態學領域。而懂工程又懂生態的雙重背景，讓他能在生物聲學領域中一展長才。

這幾天的研討會，我看到帕文忙進忙出，真的很佩服他能搞定如此規模的國際研討會議。我相信，每個人心中都充滿能量，因為在彼此身上找到了不同的力量。許多學者分享的研究內容，都帶給我很多的觸動與感想，畢竟這是一個全世界科學家聚集的場合，在很短的時間內就能掌握到國際的脈動與趨勢，我真的希望把一切資訊帶回台灣，讓我們在傾聽海洋的聲音時，有更多層面的理解與追求。畢竟海底的噪音可比陸地上噪音的擴散更國際化，影響無遠弗屆，所有的聲息與轉變早在千里之外進行演繹著，這樣的衝擊我們不能不去面對。

晚上與兩位歐洲學者一起用餐後，回到住宿的修道院，又是輪到吉歐凡尼在守門房，我想到他今天在郵局幫我忙，特別把一個從台灣帶來的小禮物送給了他，吉歐凡尼感動萬分。離開的那天，我發現他還把我的英文名字寫在手掌上，我請法國學者代為轉達：「我會懷念埃利契的風聲、鐘聲，以及這裡的一切，謝謝他這幾天的照顧。」結果吉歐凡尼向前給我一個大大的擁抱，並且用力親吻我的臉頰，讓我體驗西西里毫無保留的熱情，我不知道自己是否滿臉通紅，就在拿著行李推開大木門，幾步之遙後回頭一看，吉歐凡尼仍然站在門邊，透過那雙深邃眼睛對我告別。

我忽然想起了那首唐詩：「回眸青碧將秋遠，共我林深聽寂寥。」

原來我只是想要來此追尋寂靜，沒想到卻帶回更多動人的迴響。

□

南極物語

海底冰宮的聆聽經驗，超越了我們人類在陸地上的所有感官記憶，那些模糊又悠遠的歌吟，竟是來自海豹、殺人鯨，還有世界體型最大的動物——藍鯨之歌？

西西里島的研討會，雖然是關於水中聲學的主題，也結合了微中子的討論，這群物理學家所報告的內容，對我來說簡直是鴨子聽雷。於是，我蹺過一些艱澀的題目，利用短暫的時間來了解這座從西元前八世紀就已經有人居住的古城。置身在神廟、寺院、古老城廓環繞的鏽色斑駁中，我卻被五顏六色的甜點鋪所吸引，這裡有許多老字號的店家，把在地的杏仁甜糕做成了各種鮮豔水果造型，令人垂涎，但是只要吃一口，保證甜膩的程度讓你沒齒難忘，難怪義大利人愛喝 Espresso（濃縮咖啡），那種濃郁的苦烈跟這玩意兒簡直是絕配。

放風途中的相遇與結緣

我在古城的街道上隨興穿梭，黎明前的陰森氛圍，似乎都被陽光蒸發於無形，四處台階與牆壁上擺放著各種美麗的瓷器、陶器，不論顏色、造型都讓我愛不釋手，我正停下腳步欣賞那個以蛇髮女妖梅杜莎（Medusa）頭顱向外輻射三條腿的詭異彩盤時，發現小店裡有我認識的身影。

兩個金髮小女孩一前一後，也在這裡

探頭探腦展開她們的冒險。她們是德國海洋聲學學者拉爾茲‧金德曼（Lars Kindermann）博士的女兒。研討會第一天，我就注意到這對可愛的姊妹花。在一堆科學家當中，小女孩總是神色自若地坐在父親身邊，我還好奇她們怎麼耐得住性子，願意乖乖聆聽這些正經八百的報告，果然她們跟我一樣，終於受不了了，偷溜出來放風。

我向她們招手，姊姊柔依（Zoe）也開心地對我揮手致意，這位十二歲的德國女孩，長得聰明標緻，能說幾句英文，她甚至會在休息的場合出一些題目來考這群腦神經發達的科學家，並統計這群人比較善於用左腦還是右腦思考。而總是黏著姊姊的七歲妹妹瑞卡達（Recada），只會說德文。她們對我也很好奇，問我是不是日本人？由於父親曾在日本工作，她們似乎對日本比較熟悉。我說我是台灣人，為了讓她們更記得我，我送她們一人一枝上面印著 Taiwan 圖案的木紋原子筆。她們收到這份驚喜小禮後，對我更加親切。沒想到因為孩子的關係，讓我有機會貼近認識她們的父親，更深入了解金德曼博士的研究內涵。

金德曼博士是物理學家，曾經把數學物理的專業，運用在腦神經科學的領域，但是走進海洋聲學，則是在進入德國重量級的研究單位——阿爾弗雷德‧魏格納研究中心（Alfred Wegener Institute，簡稱 AWI）之後才正式開始，AWI 是專門針對南北極地與海洋研究的機構，以阿爾弗雷德‧魏格納（Alfred Wegener, 1880-1930）為名，向這位傑出的德國地質學家、天文學家、氣象學家致敬。

海洋聲學家的另類親子假期

魏格納是一位充滿傳奇色彩的科學家，也是大陸漂移學說（Continental Drift）的提出者。這個學說指出了盤古開天時地球上只有一個大陸塊，後來才分裂成今天七大塊的理論。當初這個假說撼動了地質學界長久以來所認為的「大陸長久以來並無改變」的論述，而引起許多爭議，一九三○年他在格陵蘭島冰原上，繼續為

他的理論尋找證據時，不幸發生意外而身亡。在他死後三十年，科學家終於證明他的理論是對的，世人因此對他更加敬重。

事實上，極地觀測與海洋研究對於地球環境的整體了解，具有關鍵性的地位。AWI 的研究經費主要是由德國聯邦教育與研究部（Federal Ministry of Education and Research）支持，這個部門就像是我們之前的國科會，也就是現在的科技部。可以說，AWI 這個機構簡直是科學家的夢工廠，光是設備就讓人讚嘆不已，大型破冰研究船、極地與海底實驗室、數個極地研究站、海底潛水組、極地飛機……可以支持科學家研究上的所有需要，並在世界上持續扮演著領導性的角色。

研討會中，我必須掌握所有能跟這些國際大學者聊天學習的機會，用餐時間無疑是最合適的。修道院檸檬樹旁的小餐廳，清晨都會供應學員熱咖啡、麵包、水果。某天早餐，我拿了一杯咖啡，刻意晃去金德曼博士家那桌跟他們聊天，金德曼講起話來輕聲細語，他看孩子跟我混得熱絡，也對我非常親切，他把個人的筆電打開，立刻聯網跟我介紹他的工作單位，同時也讓我欣賞這幾天在西西里遊歷的精彩寫真。

金德曼博士顯然是一個非常愛家愛孩子的好爸爸，他受到帕文（Gianni Pavan）教授的邀請來此演講，跟許多德國人一樣，工作中不忘經營家庭生活，他特別幫孩子請了兩個禮拜的假，在研討會還沒開始前，就已經帶著孩子遊遍了整座西西里島，給彼此一次難忘的親子假期。

我不確定金德曼平常有沒有時間陪伴孩子，因為他的研究地點可是遠在南極。從演講中，我了解他正投身於一個聆聽南極海底的計畫，稱作 PALAO（Perennial Acoustic Observatory in the Antarctic Ocean），即「南極海洋長年聲學觀測」，這個計畫光從名字推敲，就帶著強烈的浪漫色彩，誰能想像，在那樣冰天雪地的世界邊境，究竟隱藏了多少不為人知的神祕聲響？

穿透冰層、來自深海的動物呼喚

很有趣的是，PALAO 在夏威夷土著的用語裡，指的正是鯨魚。金德曼播放了幾段冰原中的水下麥克風所錄到的聲音，全場屏息傾聽，對我來說那簡直有如偵測到外太空某遙遠星球的詭異語彙，海底冰宮的聆聽經驗，超越了我們人類在陸地上的所有感官記憶，難怪古代人會有各種關於水妖的想像，誰有機會去清楚辨識出，那些模糊又悠遠的歌吟，穿透在冰層下的傳誦迴響，其實是來自各種海豹、殺人鯨，還有世界上體型最大的動物——藍鯨之歌？

其中不論是韋德爾氏海豹（Weddell seal）或是羅斯海豹（Ross seal）在水底下發出的聲音，都讓我覺得很像是某種電子合成器所發出的音效，甚至讓我聯想到霹靂布袋戲主角現身的背景配樂，我相信這樣的聲音，應該是配合海底環境所演化出來的傳送模式，以協助牠們進行各種社會性活動。而在深海中潛游的龐然巨物——藍鯨，在漫長旅程中所發出的孤獨呼喚聲，也被記錄其中。牠們的聲音大概都在 15 ～ 20 赫茲（Hz）的低頻範圍，並可發出長達 10 ～ 30 秒的聲音，遠遠地送給在天涯彼岸巡航的另一個體。而擷取收錄這些聲音的地點，則是德國於一九九二年在南極洲上設立的諾伊邁爾三號研究站（Neumayer Station），

1 | 2 | 3

1 金德曼（Lars Kindermann）
　博士一家合照。
2 金德曼博士的報告，讓我
　看到南極科學研究的現場。
3 金德曼博士在研討會上提
　出的報告檔案。

二〇〇五年金德曼的團隊把水下麥克風架設在一百公尺以下的冰層中,可以一天二十四小時,全年無休地記錄海底世界的所有動靜。

除了動物的聲音之外,我們還聽到令人震撼的冰山巨響,有山崩地裂的、傾倒墜落的、擠壓撞擊的……,彷彿有股巨大的力量正在那看不見的冰層下持續運行,那絕對是寂靜又危機四伏的世界,蟄伏在大冰山下變化莫測的情緒,正透過聲音展演出自己的腳本。🎧🎧⁹

對科學家來說,聆聽這樣的祕境,絕對有著美學以外更多的意義。金德曼說,生物聲學的研究,對於海中哺乳動物族群量的消長,以及過去記錄闕如的生物,都能提供更多的線索,比如南極小鬚鯨的叫聲於二〇一三年被辨識出來後,就可透過聲音記錄對這種鯨魚有更多的了解。這些水下傳來的資訊,會透過衛星傳回德國 AWI 總部,也會放在網路上供推廣社會教育之用。

這聲音一上了網,許多德國人被這些遠在南極海底的海洋生物聲音所震懾。一連串精彩的藝術創作能量,由此展開。

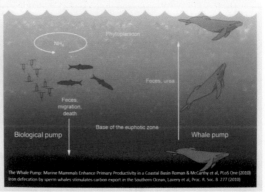

1 │ 2

1 兩位陪著父親與會的孩子
　身影，特別吸引我的注意。
2 修道院中的交誼廳，是我
　認識世界科學家的據點。

當科學音律化身為藝術繆思……

其中一項是水下歌劇的演出，表演藝術團體在柏林新克爾恩區內一座古老的游泳池裡，透過金德曼在南極水下所收錄的神祕聲景，結合了舞者一身有如魚鰭或是水妖的裝扮在水中穿梭漫遊，偶爾來段詠嘆調的吟唱，整體情境與氣氛都相當前衛，充滿了實驗精神，宛如蛇髮女妖泅泳在冰宮中的驚悚旖旎。原來，透過這樣獨特的音律，可以刺激藝術家的想像，完成如此風情萬種的作品。

另一個結合的例子，則是在公共造景上。二〇一〇年在德國的埃森湖上，有一項以能源與永續為主題，稱作「魯爾環礁」的策展──湖面上設計了四座人工小島，民眾可藉水上腳踏車登島拜訪。其中一個島展示水力發電；另一個稱作「茶室與青蛙」的作品，主題是溫室栽種；另外還有一個造型像是潛艇的小島，則是關於太陽能源的主題；而金德曼參與設計的，是做成冰山的小島，裡面放置了南極的水下聲景，讓遊客身歷其境，感受南極環境，並關切氣候變遷的議題。這讓我想起我們的綠色博覽會，但是他們這次的策展更著重於把藝術家的創意與科學家的研究展現出來，為這樣的公共藝術增添更多人文色彩。

藝術與科學的結合，金德曼向我做了最好的示範。他說，科學家取用國家很多資源，才能專注做好研究的工作，所以這些努力的成果最後還是要回饋給社會，並參與教育，才能讓自己的研究內容對世界帶來更多貢獻，這是科學家的使命，也是義務。

金德曼讓來自海底的歌聲，在世界許多角落被聆聽，並激發創意。什麼時候，我們在大自然中錄到的蛙鳴鳥語，在台灣海峽與黑潮中所錄到各種鯨豚魅語，也能登上國家音樂廳，成為創作者發想的主旋律？什麼時候，腹斑樹蛙跟藪鳥的節奏也能走入童謠，讓孩子朗朗上口？我深深盼望著。

南極物語

越境尋聲

□

大和音之景

我內心深受感動，彷彿過去十多年
來在台灣山林野地錄音的經驗，就
是註定要在這裡與大庭照代相遇，
並且分享她退休前生命中最重要的
一次特展。

我把許願石放在隨身背包裡，讓這趟旅行不那麼孤單。比起去義大利西西里島，接下來的一切我得靠自己打點，所以必須讓行李更為簡單。出發前我寫信給戈登·漢普頓，告知他石頭會跟我一起去日本。戈登回信：「誰能想像它們的旅程居然這麼廣！」是啊，有誰能預料到這一切呢？若不是因為嚴宏洋老師的一封信，我大概也無緣成行，他寫著：「我的好友大庭照代，將於十一月在日本千葉的中央博物館舉辦『音之風景』特展，我覺得妳應該去看看。」好一句「應該」，堅定了我的意志。彷彿要去日本一趟，是如此理所當然。

我主動寫信給大庭博士，請她保留時間接受我的專訪，並協助安排與日本聲景協會的其他成員見面。大庭在百忙中答應撥出一天來接待我，也讓我有機會去筑波認識大谷英兒博士，以及去東京澀谷的青山學院大學與鳥越惠子教授會面。

人物、時間與地點都已確定，下一步就是想辦法把自己弄到那裡。飛機在成田機場落地後，我動身前往第一個目的地，先搭車到千葉站，那是我往後幾天的重要基地，網路上寫著我的旅館離車站走路只需三分鐘。雖然經常出差，但是距離上次來日本已經有十年以上的時間，原本保留的舊日幣早就不能流通，加上這次是獨自一人旅行，又沒熟人幫忙，總覺得心中有些忐忑。

從東京到千葉的驚喜邂逅

幾番詢問，終於轉到可以買總武線車票的自動販賣機前，我抬頭看著有如蜘蛛網般的地鐵圖，好不容易找到「千葉」二字。旁邊寫著六百五十元，我身上最小的鈔票面額是一千元，再看看螢幕，糟糕，是日文。就在這時，一位年輕男孩正在購票，我向他求救，問去千葉該怎麼買票？

男孩看了我一眼，沒回答，卻自顧自地用手上的硬幣投了起來，我看他買了一張票，正想把錢交給這位好心男子時，他居然一把提起我的行李往前衝，我下意識

劈頭狂追！前方樓梯有如向下懸崖，就見他身手靈敏地蹬步衝刺，然後躍上一節車廂，我沒命地追趕，終於在車門關閉前最後一秒跟進。

我氣喘吁吁，癱坐在椅子上與他對峙，當下的念頭是，這個日本人怎麼這麼猛啊？一方驚魂未定，這方才不疾不徐地說明緣由，他剛好也要去千葉，原本就要搭此班車，先前時間緊迫無暇解釋，因為下班車得等上四十分鐘，只好先做再說。

我連忙向他致謝，把行李拉回跟前，他注意到我貼著一張「讓路給紫斑蝶」的黃色標籤，他問：「妳會說中文嗎？」我趕緊回答：「會，我來自台灣。」接著，我們就開始用中文交談。這趟四十分鐘的車程，足夠我們探彼此的底，原來男孩是來自中國遼寧瀋陽市的留學生，叫做王冰。在機場打工剛下班，就這樣搭救了我。我很慶幸旅行一開始就遇見貴人，所有的不安頓然全消。王冰是個非常親切可愛的大男孩，在日本學的是企業管理，曾經跟同學來台灣旅行，對台灣小黑蚊的威力印象深刻。他要從千葉站轉車回學校，到站後還非常好心地幫我查了走到旅館的路線圖，讓我不至於迷路。

不過到達千葉站的第一個印象，居然是聽見了車站內非常清楚的鳥叫聲。我四處尋找，還問身邊的王冰：「你聽見鳥叫聲了嗎？」王冰顯然第一次注意這件事，他有點不確定地回應著：「可能是附近的鳥吧。」「但是牠們在那裡呢？」我四處張望觀察，人群匆匆，空洞的鋼架間沒見到半隻鳥，但是那樣的鳴聲如此篤定清晰，肯定是一種人為的背景音樂，只是不懂它代表了什麼意義，難道是對旅客的某種提醒嗎？🎧10

偌大的月台上，似乎只有我一個人駐足聆聽，我熱切想要尋找答案。有的時候我們得脫離熟悉的環境，才會發現原來每個人都活在一個被控制的聲景中，只是我們從未察覺。對於這樣的聲音我充滿好奇，到底它是一種獨特的創意，還是某種貼心的巧思？我想這幾天我有機會弄個明白。

1
—
2

1 我在車站熱切尋找鳥
　音,但似乎沒有人在
　意那樣的聲響。
2 夜色中下班的人群。

緊張步調中的悠揚鳥鳴

我跟大庭博士約好週二上午九點見面，提早一天傍晚抵達的我，住的是一間日本連鎖的商務旅館，房間設施簡單，從窗戶看出去，剛好正對著一家補習班，整片落地窗內坐滿了穿著黑色立領制服的高中生，老師在台上滔滔解惑，黑板上寫得密密麻麻，這景象簡直是回到台北的南陽街。

附近商社的上班族已經陸續下班，有人似乎歸心似箭，有人三五成群相約覓食喝酒。在霓虹燈海中，我晃到一間專賣蕎麥麵的日式速食店，玻璃櫥窗內排了多種套餐模型，有豚肉的、炸蝦的、海藻天婦羅……，上面都有編號，看中意的，就在旁邊的販賣機按鈕選餐交錢。機器吐出取貨單後，只要走進櫃台領取你的蕎麥麵，找個角落解決。所以沒有一個人需要說一句話，店裡雖然坐滿了人，卻唯獨聽到一個旋律：吸麵聲。

這樣的簡約設計，符合了現代人的需要。在一個充滿競爭與時間壓力的世界中，有些非做不可的事情，就讓它越方便簡單越好。當然，從某些層面來看，這也是全球化的結果。

但是日本人畢竟是比較體貼細心的民族，他們似乎特別懂得如何讓在都會打拚的人，有一些喘息的空間。除了設計出便利的電器產品外，「聲音」，也是他們懂得去掌握的元素，這一點，在我投宿的旅館中就可以發現。

第二天我起得很早，雖然已經把公車路線研究清楚，但是為了不失禮，我預留更多的時間來準備。當我走出房間準備下樓，就在那一刻，又聽見了鳥叫聲，沒有音樂，沒有空調聲，只有悠揚鳥鳴，讓你彷彿走入綠光森林。當然，這又是一個精心的安排，走廊上拖著行李的旅客，大多西裝筆挺，跟昨天蕎麥麵店中的顧客一樣安靜，大家都在聆聽著，鳥音陪著旅者走進電梯，然後送到一樓大廳，至少

對我來說，這是一天非常美好的序曲，即便它是來自某種罐頭音效，但確實可以帶來平靜，對這群等著上工的人來說尤其需要。

我終於在預定的時間之前到達博物館，時至深秋，這附近的樹林由黃轉紅，景色嫣然，脫離了火車站附近的商圈氛圍，還可清楚聽見林中傳來烏鴉粗啞的聲波。我把石頭們取出，以博物館為背景，拍攝一張「到此一遊」的打卡照片。入口處即可見到「音之風景特展」的大型看板，黃色海報上，有隻貓頭鷹立在其中，很像我看過的黃魚鴞，顯然是這次活動的代言者，網站上處處可以看到牠的身影。其實貓頭鷹也正是引領策展人——大庭照代走入自然聲景最關鍵的生物。

因為聽到了褐林鴞的召喚……

走入安靜的大廳，我想我應該是今天第一位上門的遊客。中央博物館的英文名字其實是自然史博物館（Natural History Museum and Institute, Chiba），以自然與環境展示為主，於一九八九年開幕，外觀有如我們的自然科學博物館。附近還有一大片生態園（Ecology Park），以及野鳥觀察站，整體充滿了自然的氣息。

大庭博士神情愉快地迎向我，在倫敦拿到博士學位的她，能說一口流利的英文。她先帶我去跟館長崛田弘文見面後，就引我來到一個接待室，讓我們有機會好好對話。

我問大庭什麼時候開始對大自然的聲音產生興趣？她說，「我從小就對聲音很著迷，我的家鄉在神奈川縣的逗子市，那裡靠海，我每晚都在浪聲中入睡，印象中我家旁邊有間寵物店，養了很多鳥，當中甚至包括一隻孔雀，牠總是發出很奇特的叫聲，所以一直到十二歲之前，我都是在這樣的聲景中成長。」

這樣的音律啟蒙了大庭。然而，對自然的喜歡，應該是在十九歲的那年，原

本同學約她去觀察飛鼠，但是那次的月夜，她聽到了一種貓頭鷹的鳴叫聲，彷彿是種神祕的召喚。之後每年春夏時節，大庭都會到森林裡觀察這種褐林鴞（Brown Wood Owl）的聲音。在英國念書時，她原本想以知更鳥（Robin）的叫聲來進行動物行為的研究，但是時值十二月，這種鳥已經不唱歌了，於是改為研究貓頭鷹。拿到博士學位後，大庭來到中央博物館投身環境教育的工作，並且也透過聲音來設計環境教育的教案，這次的展覽，我不僅可以看到大庭過去四十年野地錄音的心路歷程，也包括了日本歷史上著名的野地錄音師的生平背景，還有生物聲學的研究內涵，以及透過聲音風景來進行環境監測與教育的具體成果，並另闢一室呈現了日本聲景協會（Soundscape Association of Japan）創立以來二十年的重要回顧。

我內心深受感動，彷彿過去十多年來在台灣山林野地錄音的經驗，就是註定要在這裡與大庭相遇，並且分享她退休前生命中最重要的一次特展。

追索過去，面向未來的聲之特展

接著，大庭幫我進行展場導覽，入口「千葉之音的今昔比對」已經讓我驚豔。一看錄音師的大名：蒲谷鶴彥，這不就是那位當年曾經來到阿里山錄火車聲的錄音師嗎？我終於可以看到本尊的模樣，一九二六年於東京新宿出生的蒲谷，從一九五一年，也就是他二十五歲時開始進行野地錄音，當時他幫日本文化廣播電台提供每日五分鐘「清晨之鳥」節目播送，這個節目居然長達五十年。我不禁想到我在教育電台製作「自然筆記」時大約三十歲出頭，這節目能撐到我八十歲嗎？

蒲谷鶴彥後來於二〇〇七年病逝，享年八十一歲，他所有的錄音都由中央博物館收藏，大庭也帶我去參觀他們層層嚴密保護的庫藏區，這位錄音師一輩子聆聽的自然音律受到永久的珍藏，成為日本重要的文化資產。那樣的精神也留存在每一位野地聆聽者的心中，成了不朽的旋律。

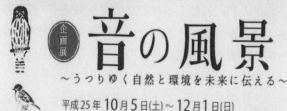

企画展
音の風景
～うつりゆく自然と環境を未来に伝える～

平成25年 10月5日(土)～12月1日(日)

共催：日本サウンドスケープ協会　休館日 ●毎週月曜日（ただし、10/14、11/4は開館）10/15・11/5
開館時間 ●9:00～16:30（入館は16:00まで）　千葉県立中
NATURAL HISTORY MUSEUM

1	2
3	
4	5
6	7

1 「音之風景」策展人大庭照代博士。
2 中央博物館是座自然史博物館。
3 「音之風景」海報，可見代言者貓頭鷹的身影。
4 孩子學習如何錄音。
5 錄音器材的展示。
6 千葉今昔聲景、地景的對照。
7 日本著名野地錄音師蒲谷鶴彥（左）。

1951年 蒲谷鶴彥氏（左）：エンジニアの弟である芳比古氏（右）が1年がかりで自

除了蒲谷鶴彥這位大師之外，我還注意到一位錄音師：小山勇，大庭說小山先生今年才過世，原本的工作是計程車司機，因為生了一場大病而走進自然，他認為聆聽天籟治好了他的病，所以一直都在記錄各種大自然的聲音。而小山所記錄的一種鶯亞科的鳥叫聲，至今仍持續在「鶯谷」車站裡播放。聽到這裡，我立刻想起了千葉站的鳥叫聲，我問大庭為什麼日本車站都會播放鳥叫聲？「或許是他們相信鳥叫聲可以讓人放鬆吧？」大庭淡淡地回答，顯然有所保留。我繼續追問：「可是你不喜歡嗎？」「我不希望人們因為聽到這樣的鳥叫聲就滿足了，而不願去自然中聆聽真正的聲音。」大庭繼續解釋：「況且在公共區域中播放這些鳥叫聲是很奇怪的，因為季節跟物種都不屬於這個環境。」

大庭果然是一位懂生態、懂環境的學者，她比一般人有著更深度的思考。我注意到「音之風景」的展覽中選擇了三個主要地點，包括市川東京灣的溼地、大巖寺、生態園的池塘，採用了蒲谷在一九五五年的錄音，比對二〇一三年的錄音，再配合差距將近六十年的照片，這樣的聲景對照不正是我一直希望做的事嗎？之前，我找到了在一九九七年於台北市承德路七段大同電子前賞鳥路線的錄音內容，比對了二〇一三年我重回舊地所錄到的聲音，兩相對照下恍如隔世，儘管只有十七年的差距──身為錄音師，我從日本的展示中獲得莫大的鼓舞。

特展中也呈現了人類錄音器材的歷史，從一八七七年愛迪生發明留聲機，用蠟管錄下聲音開始，人類的錄音方式從磁帶到現代的數位記錄，有如一門科技演進的考古史。我自己用的錄音器材──從 Sony 卡帶機到 HHB MD，再到現在 Sound Device 的 CF 卡數位錄音機──也參與了時代的改變，我不禁揣想，或許有一天，我的錄音機也會成為博物館的收藏。

此外，展覽也針對日本古典文學，來探討日本人與自然聲景的文化關聯。比如《源氏物語》中的鈴蟲章節，談到源氏與三公主在皎白月色下聆賞鈴蟲音律的情節。其實，中國古詩詞中也不乏賞析自然聲景的情趣，比如「留得殘荷聽雨聲」，或

是元曲中：「砧聲止，蛩聲切，靜寥寥門掩清秋夜。」這番由動到靜的情韻，從古至今，仍讓人玩味再三。

而我對大庭多年來透過聲音進行感官教育，甚至帶著孩子以錄音記錄來聆聽自然聲景的做法，特別感興趣。不過大庭表示，這些器材的零件後來廠商都不出了，各種錄音設備不斷推陳出新，博物館能提供的資源有限，但是有些孩子經過適度的引導，成為非常厲害的聲景記錄高手，不但在物種辨識度上功力驚人，還會設計不同的主題來進行環境研究，展現高度的熱情與動機，這也帶給我非常多的啟發。

接著，我轉到另一個展場，「日本聲景協會二十週年展」。一開始，注意到海報上引用蕭佛（R. Murray Schafer）對於聲景的詮釋，以及討論噪音對環境的衝擊與傷害，我就知道來對了地方。在呈現協會過去多年來所推動的活動中，我對其中幾個主題產生興趣，一是如何以聲景的概念來串連聲音與歷史的記憶，特別是透過日本庭園來設計，這是一個很有趣的想法與實踐。另外，我也發現，原來「聲景」研究，不但可以了解環境的轉變，甚至能協助修復環境。所以日本聲景協會在福島核災事件後，進入災區進行定點追蹤與研究，其中兩位重要人物也是我此行拜訪的學者，大庭提醒我，明天你就可以去筑波找大谷先生，他會告訴你更多故事。

這趟旅行究竟會走向什麼樣的聲音風景？明明都是我從來沒有參與過的事件，為何有一種強烈的熟悉感？我知道，有一種共同的聲音在其中迴盪，一種細緻的情感相互牽連。原來尋著聲音的線索，我不但可以聽見「過去」，也能聽見「未來」。

傾聽大地耳語

這歌不論如何盪氣迴腸，
深情款款，終究只唱給牠
的對象聽。身為人類，只
能像電影《阿凡達》中的
情節，學習去理解這些異
族的語言⋯⋯

來日本的這幾天，運氣很好都遇上了晴天。北國涼爽的秋日，帶著一種舒緩的氣息，儘管今天我得轉三班車才能從千葉到筑波去拜訪大谷英兒博士，要在複雜的地鐵系統中找對方向，我必須非常專注地為自己定位。就像有幾次在森林中錄音時，我也不斷提醒自己，千萬不要一失神就迷路了。此刻心情，正如大谷寫給我的信的最後那句話：「希望我們能見得上面。」

筑波市在關東平原上，東京東北方約五十公里處。還好來到此地，一切不如我想像得那麼困難，我準時赴約。大谷已經在地鐵站出口等我，從電話中的語氣聽來，他應該是一個成熟穩重的學者。我向四處搜尋，終於找到留著平頭戴著墨鏡的大谷博士，我趕緊向前致意，感謝他願意接受我的採訪。初次見面，直覺這位昆蟲學家有種硬漢的內斂氣質，非常適合扮演警探之類的角色⋯⋯，大谷很快打斷了我的想像，他酷酷地說：「先上車吧。」

來自東北的硬漢昆蟲學家

當初大谷博士是在一場學術研討會中認識

了大庭照代博士，因為對昆蟲聲學的研究與關注，在大庭的邀請下，加入「日本聲景協會」，協會中的成員有科學家、音樂家，還有各種對傾聽聲音懷抱熱情與藝術鑑賞能力的專業人士，他們藉由彼此經驗的交流與激盪，找到了共同努力的動力，並且在各自的領域中繼續拓展聆聽的創意版圖。

大谷目前任職於森林總合研究所的昆蟲生理實驗室。這個單位就像是我們台灣的林業試驗所，主要任務為森林資源保育與研究工作。大谷研究的對象是針對經濟木材造成危害的昆蟲，而他所使用的研究方法，是藉由聲學來了解動物聲音傳播與行為之間的關係。除此之外，我知道他也透過昆蟲聲音資料的建置，來掌握一些外來種入侵的範圍，這些主題都十分吸引我。

大谷一邊握著方向盤，一邊緩緩地說：「我太太是書法家，我曾經陪她去台灣的故宮博物院欣賞書法。」這是大谷的台灣初體驗，可惜那回他們僅在台北待了三天，沒機會去其他地方好好認識台灣。不過，我相信今天自己的出現，會有機會讓他對台灣有不同的理解。

帶著東北硬漢氣質的大谷英兒博士，藉由昆蟲聲音資料的建置，掌握外來種的蹤跡。

我以為會去大谷的研究室，但或許是為了把握時間，他開車帶我到附近的星巴克，找了一個角落坐下。聖誕節即將來臨，店裡的布置十分溫馨雅緻，大谷的神情仍有些嚴肅，一如我印象中做事嚴謹的日本學者形象，不過，後來才知道大谷是來自東北地方岩手縣的盛岡市。比起日本的近畿人，東北人的個性本來就比較樸實堅毅，沉默寡言，但是非常的團結，最具代表的就是電視劇中的阿信，她的故鄉即設定在同屬東北的山形縣，據說這種特質在福島核災之後，充分展現在世人眼前。

靠聽功與暗處的敵方周旋

大谷拿出預備好的資料，並且打開電腦開始介紹他的研究領域——害蟲的聲音監測。所謂的害蟲，當然是從人類的角度來看，對於那些會在人類需要的良材上挖隧道的，或是偏愛品嚐人類農產品的昆蟲，都有可能被列入黑名單，但要如何了解躲在暗處的敵方，有些防疫專家選擇用「聽功」來突破。過去我曾聽過有昆蟲學家會用聽診器來診斷植物病情。但是隨著科技進步，人類不再仰賴自己的聽力，而是藉由電腦，甚至精密的掃描式電子顯微鏡來協助觀察。

有關害蟲聲音監測的技術，早在一九七○年代的後期，中國大陸的學者就懂得利用聲頻探測儀來防治白蟻。不過這類研究，最難克服的還是環境噪音的干擾。一九九○年之後，透過聲探測定來研究農產品中的害蟲，已受到普遍關注，大谷同時也在研究一些寄生在真菌類以及食用菇類中的甲蟲，並細緻地分析這些昆蟲發聲的生理結構，記錄牠們在交配、覓食、攻擊防衛等不同階段，所發出的各種聲音訊號（insect acoustic signal）。

根據美國昆蟲學家尤溫（Ewing）的研究，昆蟲聲音具有三種功能，分別是召喚（calling），攻擊（aggression）以及領域宣示（courtship）。而製造聲音的五種方式，分別是振動（vibration）、撞擊（percussion）、點擊機制（click mechanisms）、排氣（air expulsion）、摩擦（stridulation）。光是看到這些分類

就讓我開了眼界，而且不同種類的昆蟲會利用不同的身體結構來製造音響，比如直翅目、鱗翅目還有鞘翅目的昆蟲，彼此的發聲機制就有所不同，這些「昆蟲語言」複雜到非我族類可以想像。

我們常說蟋蟀或是螽蟴是草地上的提琴手，後來發現，原來所有昆蟲都會發聲，這些聲音訊號對昆蟲來說，是對外溝通非常重要的工具。然而有些就像悄悄話般，只夠彼此私密交流，並非都像騷蟬那種穿腦魔音，可以做長距離的宣示。

一般昆蟲發聲的器官，主要可以分成「摩擦發聲器」與「鼓室發聲器」。「摩擦發聲器」是由音銼與刮器兩部分組成。直翅目的昆蟲以摩擦前翅發聲，前翅的內側上有一排堅硬的微細突起物，就是所謂的音銼，而翅膀邊緣硬化的部分則為刮器。這一點，從大谷研究報告中所附的圖像與照片，看得非常清楚，有趣的是，這些樂器隨著音銼突起片的密疏，昆蟲翅膀的厚薄、振動的快慢，就能演奏出不同的音調與節奏。而「鼓室發聲器」則是同翅目蟬科昆蟲主要的發音器，包括了鼓蓋、鼓膜、鼓肌與氣室。這些精巧的設計，全都完美集合在一隻昆蟲的身上，不過，這歌不論如何蕩氣迴腸，深情款款，終究只唱給牠的對象聽。身為人類，只能像電影《阿凡達》中的情節，學習去理解這些異族的語言，才能知道如何控制牠們。

揭開長小蠹蟲的求偶三部曲

透過大谷的研究報告，我看到一種住在橡木，或是針葉林與闊葉林中常見的蠹蟲，稱為「長小蠹蟲」（*Platypus quercivorus*）。他把這種小甲蟲的行為與聲音分成三部曲：首先，一隻母的蠹蟲走進蛀洞前會先發出「靠近之聲」（approaching chirp）；接著，母蟲會製造「交配前奏曲」（premating buzz），引導一隻公蟲出洞迎接；第三階段，公蟲會發出「前進蛀洞之聲」（in-gallery chirp），一邊退出洞來，讓女士先行進入，才尾隨跟進。

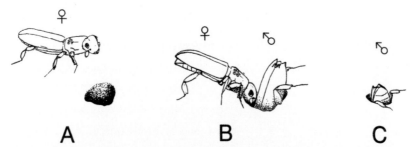

Fig. 2. Three sequential premating behaviors accompanying sounds in *Platypus quercivorus*. A: a female walking near the gallery hole with an "approaching chirp." B: a female producing a "premating buzz" which directs a male to back gradually out of the gallery. C: a male producing an "in-gallery chirp" with his posterior end remaining outside the hole after introducing the female into the gallery.

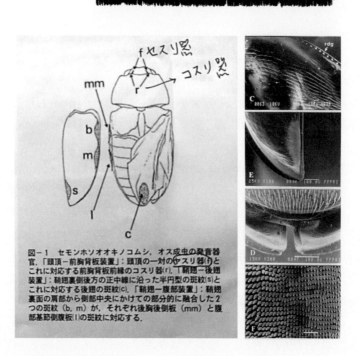

図-1 セモンホソオオキノコムシ，オス成虫の発音器官。「頭頂-前胸背板装置」；頭頂の一対のヤスリ器(r)とこれに対応する前胸背板前縁のコスリ器(r)，「鞘翅-後翅装置」；鞘翅裏側後方の正中線に沿った半円型の斑紋(s)とこれに対応する後翅の斑紋(c)。「鞘翅-腹部装置」；鞘翅裏面の肩部から側部中央にかけての部分的に融合した2つの斑紋（b, m）が，それぞれ後胸後側板（mm）と腹部基節側腹板(l)の斑紋に対応する。

1 長小蠹蟲的求偶三部曲。
2 昆蟲發聲器官的相關圖解。
3 從顯微攝影可清楚看見各種昆蟲身上的「樂器」構造。

這樣的劇情鋪陳聽起來合情合理，跟人類求歡過程大同小異，只是這些小生命渾然不察，原來「隔牆有耳」。但是我很好奇，難道每隻蠹蟲在求偶過程中，都會發出一模一樣的聲音嗎？大谷對我說，他們曾經把不會發聲的母蟲放在實驗中觀察，發現這些安靜的母蟲是不被公蟲接受的，因此語言溝通對動物行為是非常重要的媒介，而且也有特定模式。大谷博士把這些各別聲音錄製下來，透過示波圖與聲譜圖來呈現這段聲音振幅與頻率的基本資料，就像是為聲音申請了身分證，作為後來辨識的重要依據。

聆聲追蹤外來入侵種

然而大谷不僅針對這些會造成人類經濟損失的害蟲進行研究，他也曾經透過蟬聲的監測，來作為綠色廊道（green corridors）設置的評估指標。甚至也跟國外大學的電機學者合作，發展出一套自動辨識（Automated Identification）系統，來調查一些外來種入侵的問題。大谷拿出耳機，要我聆聽幾種不同的鳴蟲聲音，非常悅耳，像是野地中的蟋蟀與螽蟖組曲，接著他要我聽一種聲音，明顯曲風激烈、聲音洪亮。

大谷說，這種昆蟲來自於中國，原本不應該出現在這樣的聲景中，於是，他像是警探一樣（啊，果然符合我的想像），開始建構這種生物的傳播歷史，以及擴散的區域與路線。大谷說，這些外來昆蟲的影響，可以分成兩種層面，一種是對人在文化上的感受，比如過去小時候所聽的聲景，被這種聲音強迫取代，其實會帶來一種失落感；另外，昆蟲本來就非常仰賴聲音來進行社會行為的溝通，如今來了一位超級大聲公，每天大家都得聽牠強勢的發言，生活難免受到影響，所以大谷最擔心的還是牠們對本土生物的衝擊。

我想大谷可能沒聽過台灣騷蜢的聲音，如果有機會讓這些生物來個超級比一比，台灣有幾種昆蟲應該有機會奪冠。不知道這些生物是否也反應了在地的人類文化，至少比起日本人的輕聲細語，我覺得台灣人講起話來還滿大聲的。🎧[11]

聽了一早上的昆蟲故事，咖啡杯也見底了。大谷決定盡地主之誼，帶我好好認識
筑波。他開車帶我來到霞浦湖，這可是日本的第二大湖，簡直讓我以為來到了海
邊。湖裡的魚類，因為受到福島核災的輻射影響，禁止捕捉食用。但是對大谷來
說，最讓他難過的是，原本他最喜歡去森林採集美味的蕈菇，如今受到汙染的土
壤也波及了菇類，不過想到自己的年紀，三十年後也是死路一條，就不太在乎這
場意外所帶來的傷害，反而更練就出豁達的生命觀。

我們登上湖畔的展望台，附近遼闊的田園景象一覽無遺，還可遠眺筑波山，雙峰
相連的優美山體，與富士山同列為日本名山。身旁的昆蟲學家，搖身成為導遊，
由聲景的傾聽者跨界到地景的解說員。而一整天的相處，讓我對這位有著溫柔心
腸的東北硬漢，有更貼近的認識。

大谷說，其實自己的夢想很簡單，他希望退休後，能回到北方的家鄉，每天過著
採菇泡湯，與大自然為伍的日子，他所有的話我都聽在心裡。我想告訴大谷博士
的是，非常感謝他引領我來到關東平原上，聆聽到大地的耳語，同時也讓我欣賞
到，一位日本學者所帶給我的獨特旋律。

※ 本文感謝林業試驗所陸聲山博士的協助與諮詢

傾聽大地耳語

越境尋聲
□
風中絮語

事實上，所有音樂都不能
抽離身處的文化與環境，
而且深受自然的啓發，比
如蟲鳴鳥叫，牠們存在的
時間遠超過人類，都是屬
於世界最原始的樂章。

一定有一個力量帶著我走，一定有。陽
光穿透滾滾人潮，置身在另一個陌生街
頭的我很難追究這一切。如果這力量
是出自我內心的聲音，它又究竟從何而
來？大部分的時候，我們側耳傾聽，全
盤接收了這個世界的所有聲響，也全盤
拒絕了所有的訊息，特別是身處在噪音
的世界裡，如果你曾專注觀察穿梭在繁
忙街頭的路人表情，基本上都是同一個
模樣，很多人掛上耳機，試圖找回自主
權，儘管那是非常傷害感官的做法。

當我學會認真聆聽這個世界時，居然是
透過我的麥克風與耳機，不論是我的指
向性麥克風，或是我的立體麥克風，都
幫我掌握到我從未注意過的細節，這是
一個多麼奇妙的過程。原來這些器材幫
我聚焦，訓練我成為一個更敏銳的聆聽
者。而我也發現，如果你曾經受過正統
的音樂訓練，或許可以幫助你更深度理
解這世界不同的旋律。我今天要拜訪的
人，正是一位音樂博士。

百年老校裡的先進學問

一走出澀谷車站，我立刻被東京商圈的
熱鬧氛圍所吸引，可惜沒時間逛街，我

得儘快摸索出青山學院大學的位置。鳥越惠子教授約我十一點見面，我直覺這是一個很可能錯過午餐的時間，因此走到一家章魚燒的小店，打算備些存糧，裡面的店員看我用英文點餐，就好奇地問我是不是從台灣來？我想我的口音透露了線索，原來他也是台灣人，因為想要練習日文而來小店打工。我喜出望外，不過沒空跟同胞聊天，倒是看他用心幫我打包，心中滿是溫暖與感謝。

來到青山學院大學的第一印象，讓我想起台大校園。門前的銀杏大道，秋日的金黃葉片一路迤邐，一陣風吹來，紛飛的金絲雀羽毛，在眼前迴轉起舞，正逢一年中最美最燦爛的一刻，讓我簡直想振臂歡呼，我把足跡印在落葉上，在這座百年老校中留下我的歷史跫音。當然，我從來沒有想過，居然會來到日本大學的課堂上，跟一群大學生分享我的工作。

我很快地找到了總合文化政策學部，也就是鳥越惠子教授任教的地方。雖然青山學院大學設於一八七四年，但是外觀顯然十分摩登新穎。而鳥越教授所教導的科目——環境設計（Environmental Design），是從「聲景」的觀點，引導學生去理解我們身處的世界與環境，並且啟發更多創意的設計理念，這樣先進的學問，鳥越算是日本先驅性的人物。

我走進鳥越教授的研究室，她正忙著跟她的博士班學生玲子討論一些事情。看我前來，趕緊招呼我坐下，其實今天鳥越教授下午有兩堂課，晚上還有一場市民演講，行程排得非常滿，但是知道我的行程也很緊湊，又對聲景有興趣，所以答應讓我跟著她一整天，隨時抽空跟我介紹她的研究內容。

一切正如我所料，我買的章魚燒成了我們兩人的午餐。鳥越馬上就得趕去上課，根本不夠時間外出用餐。

「不過，妳想了解我的研究，我也很想知道為什麼妳對聲景有興趣，又為什麼特

別來日本？所以希望妳先跟我的學生做個演講。」鳥越一面吃著章魚燒，一面提出她的請求。雖然我在台灣演講無數，但是要用英文跟日本學生介紹我的工作倒是第一次，不過這並非難事，因為我很快就感受到，日本大學生看起來簡直跟台灣學生同一姿態，至少在上課前每個人都流暢地使用手指頭，滑著手機上的螢幕。

鳥越教授用日文開了場，我也以簡單的日文跟大家問好，接著跟這群孩子介紹了我的許願石故事，我不確定底下的人是否充分接受到我的訊息。不過下課時，有一位女同學特別跑來問我，究竟什麼是「寂靜」？我試著用戈登·漢普頓的話跟她解釋，「內在世界的寂靜是屬於靈魂的層次，而外在的寧靜則是一種想與世界更深度鏈結的態度」，女孩眼中閃爍著光彩，彷彿有所觸動。不過，我的「搶救寂靜」，與其說是來日本尋找「寂靜」，不如說來這裡尋找更多「搶救」的理由。

世界就是一個大演奏廳

我所追求的寂靜，在鳥越看來，只是反抗噪音而產生的行動，她在意的是一種聆聽的角度與思考。從音樂的觀點出發，噪音也是一種音樂的延伸，而從文化的觀點來看，噪音甚至是一種解放威權的符號，因為噪音之為「不被喜歡」的聲音，也可能被界定為「政治上的壓制」。受到西方思潮的影響，當代音樂家已把整個世界視為一個演奏廳，聆聽聲音的耳界，有了多元開放的空間。而這樣的概念，其實是二十世紀後的產物。

聲景（soundscape）一詞，日文譯為「音風景」，或是直接用片假名呈現。鳥越教授送給我兩本她的著作，都跟聲景有關。一本是她花了五年的時間，走訪在一九九四年由當時環境廳所選定「日本音風景一百選」的地點，從文化、藝術、生活體驗來展現在地的音風景內涵；另一本則是以加拿大音樂家蕭佛（R. Murray Schafer）的聲景理念為架構，提出個人的思考與實踐。

風中絮語

1 | 2
―――――
  3

1 青山學院是一所歷史悠久的大學。
2 鳥越惠子教授是日本推動「聲景」的先驅人物。
3 正在講課的鳥越教授。

早在一九六〇年代，蕭佛就展開一項世界聲景的研究計畫（World Soundscape Project），核心理念就是聲音生態學（Aucoustic Ecology），這門學問試圖在噪音充斥的世界中，為人類所處的聲音環境與生態環境尋找一條和諧的出路。後來也促成了一九七三年的溫哥華聲景計畫（Vancouver Project），吸引許多年輕作曲家開始收錄田野聲音，重新去尋找聆聽世界之道，這樣的行動有如漣漪在各地演繹與擴散。而蕭佛在一九七七年出版了《世界調音》（The Tuning of the World）這本書，讓當時還在東京藝術大學音樂系就讀的鳥越惠子，有如尋獲至寶，並且由原本的古典音樂領域轉向聲景的研究。

趁著上課的空檔，鳥越教授帶我到學校附近的餐廳用餐，邊介紹她的研究脈絡。她帶著英式口音向我娓娓道來：「我在大學時主修音樂學，這個學科教我認識什麼是音樂，那時很幸運能遇見很多很棒的老師，其中一位是小泉文夫教授，他專門研究民族音樂，經常在世界各地田野錄音與旅行，透過他的論文，讓我看到傳統音樂富含的智慧。然而這些傳統部落中的人們，並沒有受過所謂音樂學的訓練與概念，卻能創造出豐富的音樂內涵。西方所謂的音樂學概念，已經扭曲了音樂的本質，事實上，所有音樂都不能抽離身處的文化與環境，而且深受自然的啟發，比如蟲鳴鳥叫，牠們存在的時間遠超過人類，都是屬於世界最原始的樂章。」

因為不認同那些學術制式的框架，鳥越希望去拓展音樂的定義，尋找一個可以適用於全人類，甚至是宇宙，不受時空限制的概念。而聲景的研究，正符合了她的期待。

空間設計重現原聲

音樂絕對是一種聲音，但是「聲音」是不是一種音樂呢？如何界定音樂，我發現有更多有趣的命題，是關於聆聽者的感受與詮釋。「樂者」，按照中國傳統《禮記》所定義，乃「天地之和也」，這些天地間的作品，該如何聆聽？中國人放在

禮教的脈絡中表示，「樂由天作，樂者樂也，君子樂得其道，小人樂得其欲。」以此觀之，原來音樂自在人心，聆聽各憑修為。

然而，更讓鳥越好奇的是，究竟蕭佛這位加拿大音樂家，為什麼有這麼強烈的熱情與創意，透過聲景的研究凝聚了這麼多人的心，並創造這樣不平凡的旋律？於是，她在一九八〇年到加拿大留學，並以蕭佛本人的研究作為論文題目。一九八二年鳥越決定把加拿大所學的聲景理念帶回日本實踐，一九八五年她成為環境設計師，投身在公共空間的設計，藉由聲學研究與歷史調查，來找到符合在地生活背景、歷史文化、生態環境的完美呈現。

其中最具代表的個案，就是瀧廉太郎紀念館的庭院設計。瀧廉太郎（1879-1903）是明治時期最早受過西方音樂訓練的日本音樂家，著名的曲子如〈荒城之月〉，至今仍是大家耳熟能詳的作品。一九〇一年，瀧廉太郎到德國萊比錫學習音樂創作，可惜不久就因肺病返回日本，二十四歲即英年早逝。紀念館所在地是瀧廉太郎的故居，位於大分縣的竹田市。鳥越設計的重點，是重現了啟蒙這位音樂家的聆聽環境，讓人可以從聲景的角度，來追念這位音樂界的傳奇人物。🎧🔔 12

「千年蒼松葉繁茂，弦歌聲悠揚……」，這首〈荒城之月〉聽來淒美，卻也傳達了一些聲景的訊息。身為設計師，鳥越必須做非常多的功課，並透過她的設計，來實踐蕭佛的理念。我看到她的設計藍圖真是處處講究：包括建築物本體材質所產生的聲音（比如拉門、開窗的聲音）、庭院地板踩踏的回音，與植栽選擇所產生的樹葉震動，要棲息於此的物種鳴唱，甚至大環境（竹田市）的復原再現。

讓設計的概念，由視覺衍生到聽覺，那樣的細緻度，是許多歷史建築修復長期忽略的因子。有太多例子，乾脆把原建物拆除，然後製造個複製品，特別是古蹟的修復，往往補個漆了結，這種大剌剌的做法，與其說是省錢，恐怕真正的原因是缺乏專業。

散播保存聲音文化的種子

聲音文化的保存，甚至要重現歷史與記憶中的聲音，這是當代最新的設計理念。身為音樂博士，鳥越賦予傳統與現代建築風貌更深度的內涵。今天關於聲音的研究領域，可說是走向了「大鳴大放」的跨界時代。

我想起之前在國外期刊上讀到，博物館的展示不再只是單純的物質擺放，而是配合當時的聲音風景，讓觀眾更能進入時代氛圍。英國的聲音考古學者甚至去收錄史前人類在洞穴中作畫的聲音環境，當作文化資產來保護。我想到台東的八仙洞遺址，雖然是台灣舊石器時代最重要的現場，身歷其境，聽到的只是車水馬龍與人聲沸騰的場景……，從聲音去關注文化資產的保護，未來我們可以努力的，真的很多。

不知不覺中，暮色降臨。鳥越又得匆忙離開校園，趕赴川口市去做一場演講。東京的下班時刻，我跟著她轉了三班地鐵，在擁擠的人潮間，鳥越展現過人的體力與速度，她笑著跟我說：「今天是特例，平常的我節奏是很慢的。」

終於到達目的地，這個稱作 MediaSeven 的複合展演場地，可以進行影像播放、講座分享……，以多媒體的方式推動社會教育，類似我們的社教館。今晚鳥越教授的演講訊息已經四處張立：「傾聽聲音的風景」。來此聽演講的人，男女老少皆有，在鳥越的演講過程中，玲子在我身旁做了即時翻譯，讓我可以突破語言障礙，去解讀更多的訊息。現場觀眾也熱烈回應鳥越的主張，顯示這樣的主題，在日本已受到一般大眾的關注及重視。

一天即將落幕，而我也將離去。「我希望看到妳把這些聲音帶回台灣。」鳥越教授帶著一份期許對著我說。「當然，我一定會。」我肯定地點頭，而且我知道，這聲音散播出去，會帶來無數的回聲。一如那穿越松林的微風，將牽動著無數葉梢的紛紛絮語，以及更多整體融合的動人樂音。

我的許願石跟著我來到了日本的大學校園中，分享關於「寂靜」的訊息。

這是聽完我的演講後，日本學生交回的
「心得」報告，第一篇寫著：「藉由
Laila 小姐的分享，我知道原來不只是日
本，世界各地都在關心聲景這個主題。」

動物之歌

□

追尋如歌的行板

原來，蟲鳴跟其他動物的
聲音一樣，也會有不同形
式的練習曲，只是無知的
我，經常會對牠們的語言
斷章取義……

民國六十九年，一篇發表在《科學人》（*Scientific American*）雜誌上，關於果蠅求愛之歌的文章（The Love Sound of the Fruit Fly, July／1970），無意之間，被當時還在植物保護中心（農業藥物毒物試驗所的前身）擔任助理的楊正澤看到。剛從屏東農專畢業的他，雖然英文不太靈光，但是因為題目實在太吸引他，他翻遍字典，硬是把這篇文章給讀完。多年後，任職中興大學昆蟲系的楊正澤教授回首舊事，才發現當年那篇關於昆蟲鳴叫的研究論文，不僅深深地觸動了他的心，也觸動起他生命中一連串的機緣。

凡事沒有偶然。聽著楊教授談起昔日歷程，我心中暗忖著。就像此刻的我，拿著一堆自己多年來在野外採集的動物聲音，登門造訪等待解惑。幾年前我就得知楊教授的大名，只是直到今日，我才有機緣把在山林錄到的幾段蟲鳴，親自播放給這位昆蟲分類學家聽，希望他能協助鑑定。

渾然天成的自然樂章

「妳剛才放的那幾段，應該是同一種螽蜥。」楊正澤一面仔細聆聽，一面解析。怎麼可能？對我來說，那是三種全然不同的聲音節奏與旋律。楊正澤頓時像是音樂學院的教授，向我分析昆蟲奏鳴曲不同的樂章：「這種螽蜥開始鳴叫時的暖場部分，容易被誤認為某種蟋蟀的叫聲。接著，牠的聲音就會變得非常持續，等到後面快結束時，才又轉換成另一種聲音。」原來蟲鳴跟其他動物的聲音一樣，也會有不同形式的練習曲，只是無知的我，經常會對牠們的語言斷章取義。

但是昆蟲語言有一定的基本模式嗎？就像是生物身上的某些形態特徵，是由演化而來的結果嗎？我很好奇昆蟲學家是如何研究動物的鳴叫聲，況且還要透過聲音來加以分類。

我在楊正澤所撰寫的研究報告中，看到了生物聲學領域針對昆蟲鳴叫的研究歷程

與方法。原來蟋蟀等直翅目昆蟲自二疊紀（兩億五千年前）開始，就在地球上靠著聲音溝通，難怪聲音會是這個類群的重要分類特徵。

就發音機制來看，昆蟲學家分析了蟋蟀身體的結構，發現雄蟋蟀會由左翅後緣的彈器（stridulator），來刮右翅下方的弦器（files），當前翅一張一合時就能演奏出足以表達訊息的音律。

在人為分析下，生物學家可以分析蟲鳴節拍長度、重複性甚至音階，但卻無法分析音色等特質。不過我看到昆蟲學家利用五線譜來標示昆蟲聲學的特性，展現十足創意，甚至為了要表現節奏，也以樂譜的速度名詞來記錄（例如甚緩板Larghetto、小行板 Andantino……），果然師法自然，以蟲鳴入譜，自然樂章渾然天成。

千奇百怪的鳴蟲運用

另外，昆蟲學家也透過聲紋分析來展現各種蟋蟀聲音的特性，以計算單一的長唧聲（trill）或是唧聲（chirp）的脈衝比（pulse ratio）特徵。同時也分析出特定的頻率、強度、振幅衰減或頻率衰減等特性。楊正澤說，蟋蟀的鳴叫頻率與氣溫有很大的關係，所以在北美洲有人找到其中的參數，光是透過聆聽窗外樹蟋蟀一分鐘叫幾次，就可以預測外界氣溫。

傾聽蟲鳴，居然可以取代溫度計的功能，這可真是讓我開了眼界。事實上，鳴蟲的應用千奇百怪，楊正澤說，由於有些蟲只在夜間叫，有些只在白天叫，日本人以此區隔性還設計了鳴蟲時鐘，每到整點，就會發出一種蟲的鳴叫聲。甚至，還有業者專門賣鳴蟲給那些正處於空巢期的父母，因為靜夜低吟相伴，正好排遣寂寞。或許言者無意，聽者有心，加上鳴蟲曲風各異其趣，我相信有些聲音淒切的蟲鳴，保證聽了之後會「垂淚到天明」。

在人類的世界中，我們會透過語言與肢體來進行溝通。語言可以表達情意，也可以當作欺騙的工具，更可能是衝突的來源。而在昆蟲學家的耳裡，昆蟲的鳴叫聲主要具有繁殖、宣示領域等功能。但是，我們能透過昆蟲的鳴叫聲，去感受牠們哀傷、憤怒、驚恐的「情緒」嗎？我這種非科學出身的人，問出來的題目永遠天馬行空。楊正澤笑著回答：「科學研究會儘量避開太過擬人化的陳述。不過像是在台灣南部用來鬥蟋蟀的黃斑黑蟋蟀，兩隻比鬥下來，贏的那隻必須聲如宏鐘，才有資格獲判勝利。」果然是得意洋洋的贏家，那輸的那隻呢？「就會靜靜地站在旁邊，有時會回應一兩聲。」楊正澤向我描述著，「不會是嗆聲吧？」我突然拋問，惹來一陣大笑。

楊正澤提到的黃斑黑蟋蟀，正是他之前參與的一部影片《黑龍過江》中的主角。那是國家地理頻道「綻放真台灣」的系列作品之一，片中的「黑龍」，不僅是台灣「鬥蟋蟀」界的絕地戰士，還要漂洋過海，到對岸中國去跟蛐蛐一爭高下。在片中，楊教授的解說，讓人對蟋蟀為之驚豔，發現牠原來不只是「一隻蟲」而已。

楊正澤喜歡研究昆蟲，也喜歡研究人類跟昆蟲的食衣住行的關係。其中，蟋蟀應該是跟人類生活最密切的昆蟲之一，因為人類會吃蟋蟀、玩蟋蟀、聽蟋蟀。現在更要以牠們的叫聲，當作分類的判斷依據。

邁向鳴蟲研究之路

楊正澤回想起當初那篇關於果蠅鳴叫的研究報告，卻成為他研究蟋蟀鳴叫聲的敲門磚。「我記得當初由植保中心保送到中興昆蟲系念書時，有一次在走廊上遇到楊仲圖老師，我突然問他：『請問老師，我可以用動物的聲音來做分類嗎？』那時候楊教授並未回答，他只是靜靜地在抽菸。可是沒想到我的話他全都記在心裡。」

當時系上正好有位在研究木蝨分類的研究生楊曼妙，想藉由聲音來區別兩種外表

追尋如歌的行板

很像，分別生活在山黃麻跟桑樹上的木蝨。楊仲圖教授就指定楊正澤去協助她。
於是楊正澤找到了當年那篇研究果蠅的文章，並參照文中的收音方式，設計了一
個能放大昆蟲聲音的標本箱，利用最克難的方法來收錄木蝨的聲音。這是一項充
滿實驗精神與挑戰的創舉，整個過程中，楊正澤展現了高度熱情與創意，也讓楊
仲圖老師對他印象深刻。

有了這次成功的經驗後，楊正澤決定以動物的聲音作為博士研究的主題。「剛開
始我還不確定要研究什麼樣動物的聲音，楊教授建議我研究蟋蟀，但是我到處都
找不到蟋蟀的蹤影。沒想到有一次楊教授突然打電話給我說：『楊正澤，你現在
拿個桶子去操場旁邊的草地上，把從左邊算來的第三顆石頭推開。』我照做了，
果然有幾隻蟋蟀就等在那裡。」

終於，在恩師的協助下，想要的蟋蟀到手了，接下來的挑戰是怎麼養？楊正澤從
小就非常好問，遇到問題他喜歡到處打聽，久而久之，大家都知道有這麼一號人
物，包括昆蟲學家朱燿沂。「剛好有日本學者正木進三（Shinzo Masaki）要來台
灣採集蟋蟀標本，朱教授就推薦我去協助他。」在這次墾丁採集中，楊正澤對蟋
蟀辨識的專業能力大有斬獲，也讓他順利朝向這片研究領域邁進。

楊正澤（右）與恩師
楊仲圖合影。

多年來，楊正澤花了很多時間研究如何收錄動物的聲音，甚至在國科會的協助下，興建了專門收錄蟲鳴的錄音間。當一切設備到位，工程分析就緒，問題是，這些聲音究竟代表了什麼意思？昆蟲學家所要蒐集的，都是有意義的聲音行為，也就是最終都是為了達成生殖繁衍的目的。「不能只是閒磕牙嗎？」我忍不住地問了一個「擬人化」的問題，又引來彼此的大笑。

聲音大觀園

楊教授讓我聽了許多他所收錄的聲音，有的是昆蟲的鳴叫聲，有的是不會叫卻能自製音效的，像是天牛被擠壓後的聲音，還有胡蜂幼蟲在蜂巢中發出的哭餓聲（hungry call），其實是大顎刮巢壁的聲音，讓工蜂知道寶寶餓了，需要餵食。所以昆蟲要表明心意，不會叫也沒關係，總是會有其他方法。不過，光是鳴叫的種類，昆蟲學家便要為每個曲目定標題，包括：呼喚聲（calling sound）、宣示聲（courtship sound）、求偶中斷聲音（interruption sound）、交配後聲音（postcopulate sound）、攻擊聲音（aggressive sound）、巢穴辨認聲音（nest recognition sound）。這些林林總總的項目，已足以讓人眼花，更別說是如何針對同一種蟋蟀，去收錄所有聲音的「模式標本」，再成為分類的主要依據。

如果聲音是溝通的重要工具，讓人好奇的是，昆蟲本身如何接收這些訊息？昆蟲學者發現，直翅目昆蟲（蟋蟀、螽蟖）的耳朵（聽器）主要位於前足脛節（tibia）的兩側，每個脛節都具有兩個鼓膜（tympana），用來接收聲音訊號，辨識頻率與方位。人類的聽覺範圍可由 20 ～ 20,000 赫茲（Hz），最佳頻率為 4,000 赫茲，最高聽力可到 0 分貝（dB）。而蟋蟀可聽到 2,000 ～ 6,000 赫茲的聲音頻率，牠們的發音正好是人耳可以接收的範圍，只是我們雖聽得到，卻未必聽得懂，就像人往往只聽自己想聽的，對蟲何嘗不是？🎧[13]

不過從演化的角度來看，不論是透過費洛蒙或是鳴叫聲，生物間的溝通方式，也

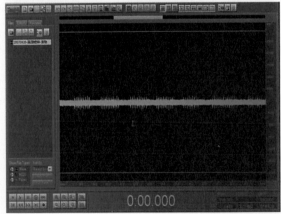

1 楊正澤在實驗室中飼養
  的蟋蟀。
2 用聲音來為昆蟲分類，楊
  正澤是先驅。
3 有些蟋蟀的聲音洪亮，一
  聽就知道是「鬥士」。
3 昆蟲的聲音以聲波顯示
  時，有著屬於自己的獨特
  紋路。

隨著自然天擇的模式進行。根據化石的研究，直翅目的昆蟲是從蜚蠊目演化而來，今天我們可以看到蟑螂有舉翅的行為，但是牠們並不會摩擦出聲，這些在夜間出沒的昆蟲，決定用更神祕的語言來彼此溝通，而演化成鳴蟲的個體，雖然聲波遠揚，卻也容易受到天敵的覬覦。即使在愛唱歌愛發言的蟋蟀家族中，也會出現一些特例。

多年來投身於研究蟋蟀鳴叫聲的楊正澤，居然發現一種不會叫的地蟋蟀，稱作「海灘蟋蟀」。這種蟋蟀只生活在台灣東部特定的海灘環境上，生存區塊的破碎化，顯示這種物種正受到許多人為活動的干擾。楊正澤感慨地說：「透過動物聲音的研究，我們試圖去建構更大的『聲景』，我們要知道自己正跟什麼樣的生物同處於一個空間中，在時代變遷中，我們加入什麼樣不同的聲音元素，又對這些鳴蟲帶來什麼樣的影響，這些其實是非常需要關心的。」

聽著我播放一首首從野外採集回來的蟲鳴聲，楊正澤想起一九七〇年有位來台灣蒐集動物聲音的法國學者說，台灣真的是研究鳴蟲的天堂，在馬路旁就可以錄到各種不同的動物聲音。「恐怕他以前錄音的地方，現在也改變很多了吧。」我淡淡地回應，這的確是我的真實感受，多年的野外錄音工作，總覺得自己是在記錄一些即將失落的傳奇。「妳為什麼喜歡聆聽自然的聲音？」楊教授回問我。我沉默半晌，以堅定的口氣說：「為了重新發現自己，重新發現跟這片土地的連結。」楊正澤微笑點頭，我想我的答案，至少也道出了這位科學家內心的部分追尋。

動物之歌

□

聲色「蟲」生

雖然不知牠的真實身分，但是我被牠的聲音深深吸引，如果我們能多認識這些鳴蟲的聲音與牠們出現的季節、地點，不就會有更多有趣的體驗？

孟繁佳在他的微博網誌上是這樣介紹自己的：「孟子第七十四代玄孫。在歷史與現代之間，探索未來；在古典與夢幻轉隙，尋找真實。」我是在台北認識這位先聖的後代，繁佳的太太是台灣人，他有很多台灣朋友，而我跟他結緣，是因為我知道他是北京最後一代還懂得聆賞「蟲魚花鳥」生活的文人雅士，尤其他從小就愛養鳴蟲，各品種他都在行，這種即將失傳的文化內涵，在繁佳的成長記憶中留下許多精彩的歷史見證。

我邀請繁佳來家裡玩，帶他欣賞我的綠色花園，還有一池塘的金魚。台灣天氣溼熱，植物很容易生長，所以一年四季都是鮮綠。而我的小池塘更是一個自然演替的生態池，原本遭棄養的金魚，來到這裡繁衍子孫，不需特別照料，就兀自鮮豔奪目。台灣野地的蟲鳴聲響更是複雜到難以全面辨認，這樣的繽紛對我們來說理所當然，甚至不太珍惜，反而在高緯度的北國，漫漫長冬難熬，老北京人養「鶺哥兒」養「蟈蟈兒」，是因為喜歡有自然聲音的陪伴；在家裡種菊花賞金魚，是因為在冰天雪地裡，還能增添幾抹綠意與色彩。

最傳統最古典的隨身聽

這種刻意經營的聲色生活，是北京傳統的文化。據說，中國從唐朝就開始流行養蟲，最早是後宮中的宮女飼養鳴蟲，為了排解生活的孤寂，後來一直流傳至今，晚清期間更是盛行。這種文化甚至影響到日本，著名的「東都名所道灌山蟲聞圖」，就是描繪江戶時代（1603-1867 年），今東京日暮里地區的秋日傍晚，在地人家一面觀落日，一面賞蟲聲的風雅生活。

對蟲聲蟲影的喜愛，一切的啟蒙得從養蟲開始。一九六八年出生的孟繁佳，自小就從長輩那裡學習到如何鬥蟲跟養蟲，他說，很多小孩都會去翻出家裡的搪瓷缸，還刻意把它打破，顧不得挨罵便興沖沖地營造起棲地，他們懂得模仿大自然土壤的堆疊方式，上面要想辦法挖一些潮溼的青苔養著，並持續澆水直到把環境

打點好了，再弄出高山低丘的造景，便大功告成，接著只待迎蟲入缸。

這些蟲有的是自己抓來的，也有的是買來的；像山東來的蟲比較好鬥，浙江的蟲叫聲好聽，叫做蛉蟲，各有不同的特色與功能。養蟲的罐子，除了瓷缸，還有葫蘆罐、小木盒，各種質材與雕工的造型，不僅展現工藝之美，也呈現不同的社經地位。講究的盒子甚至用玟瑂或是象牙來雕刻，再配合名家的書畫，這些是達官貴人的專屬玩具，販夫走卒根本負擔不起。

繁佳說，養蟲的盒子大小，要以蟲有足夠振翅的空間為準。他說他養的鳴蟲，有的只像米粒般大，有的跟黃豆差不多。他喜歡聽黃蛉的聲音，冬天會用個小盒子裝隻小黃蛉養著，然後放在厚重的衣物裡面，蟲一感受到溫度升高就會開始鳴叫，在苦寒的冬日中，鳴蟲的旋律讓他特別溫暖舒暢，不過這已經不是現代年輕人所能夠理解的聲音感受。算來這種隨身帶著歌手的容器，應該是老北京最傳統又最古典的「隨身聽」了。

馬虎不得的悉心照料

不過要供養這隻歌手，絕非易事。養蟲大事，打從中秋之後，就要開始張羅。

秋季，對鳴蟲來說是重要的季節。從中國文字的起源就可以看見端倪，「秋」這個字的甲骨文，根本就是一隻蟲子的模樣，而且是隻鳴蟲。至於牠的叫聲，就成了這字的聲音，如此發想，實在非常佩服古人的邏輯與創意。

繁佳說，養蟲的盒子要用茶水擦拭，茶的品質得講究；養蟲的食材也不得馬虎，他都是用鮮美多汁的「山東蘋果」來照顧他的歌手。當然，這小蟲頂多只能消耗一些果渣，其他全進了主人的肚子裡了。

1	2
3	4

1 我與孟繁佳合影。

2 蔡惠卿認為保存「昆蟲文化」，也是達成「生物
多樣性」保育目標的一種展現。

3 養蟲器皿工藝輩出。

4 養蟲罐中的簧片可以放大聲波。

繁佳說起蟲子整個眼睛都透著晶亮，展現極高的熱誠，連如何幫蟲子「洗澡刷牙」也鉅細靡遺的交代。「刷牙？」我不可置信地叫了起來。原來，養蟲得觀察牠們在野外的習性，這些靠飲朝露維生的小蟲，喜歡透過鋸齒葉緣來刷背清理自己。於是養蟲的人就會用小毛筆沾茶水幫蟲清洗，也順勢往蟲子嘴裡一抽，「水吸了，牙也刷了。」繁佳的京片子讓這明明繁瑣的過程，反顯得有份俐落。

值得一提的是，這些養蟲的毛筆也很有學問，有用貓鬚、老鼠鬚的，還有用少女的髮絲，可說是五花八門，無奇不有。對不大講究休閒生活品質的現代人來說，這樣的嗜好，簡直是「玩物喪志」，是屬於沒落王宮貴族爺兒們的生活。繁佳不同意，他覺得從養蟲到聽蟲，是一套完整的「知識經濟」，需要有計畫的保存與推動。我同意繁佳的觀點，但是也很好奇，為什麼是「爺兒們」的生活？難道只准男性玩蟲嗎？繁佳的解釋也很絕，他說，蟲生活在土裡，屬於陰性，所以只適合與陽性生物在一起。從某個角度來看，的確喜歡養蟲的以男性居多，拿蟲去鬥去賭博的也是男性的天下。但是偏偏台灣就有一位女性也在研究這群鳴蟲。

剛認識蔡惠卿，是因為我參與了「生物多樣性種子教師」的培訓，她是自然生態保育協會的祕書長，也是《大自然》雜誌的總編輯，更重要的是，她是台灣推動「生物多樣性教育」幕後非常重要的推手。

聽蟲帶來的心靈療癒

惠卿跟我一樣是學新聞的背景，因緣際會走入保育事務，覺得自己應該修一個自然科學的學位，原本想念植物，後來卻意外走入昆蟲學的領域，並以「蟋蟀文化」作為她的論文主題，因為惠卿本身是台南人，從小就耳聞台南人鬥蟋蟀的民俗文化，也從父母輩口中知道很多關於鬥蟋蟀的趣事，於是她就以此來了解與在地人文的關係。

蔡惠卿的著作，與她所
蒐集的各種養蟲道具。

惠卿發現，台灣的「蟋蟀文化」有明顯的地理界限。在嘉義以南長大的童年，才有蟋蟀的陪伴；北部的環境因為開發的時間較早，沒有這樣的聲景環境。

除了養蟋蟀玩蟋蟀之外，惠卿跟我們分享了一個著迷於「聽蟋蟀」的案例，是自然生態保育協會創會理事長張豐緒先生的真實故事。

張豐緒是台灣著名的政治人物，曾經當過台北市長、內政部長……，政治資歷顯赫。但是他卻有一個寂寞的童年，身為么兒，因為家中兄姐年紀懸殊，陪伴他的反而是鄉野間的昆蟲，特別是蟋蟀，小時候他總是把蟋蟀塞在火柴盒裡，怕老師發現還把蟋蟀翅膀反折，沒想到上課到一半，蟋蟀自己翻身，當場大鳴大放，他只好被老師罰站……，童年點滴，成了他生命最重要的回憶。

幾年前，張理事長生病在家，知道惠卿研究蟋蟀，特別央求她帶幾隻蟋蟀給他，因為他非常想念蟋蟀的聲音。惠卿特別張羅了幾隻黃斑大蟋蟀，聲音非常洪亮，張豐緒聽得開心，讓牠們住在花園中，沒想到幾天後就被石龍子吃了。後來幾次他住院，惠卿索性送了一張蟋蟀 CD，希望能帶給病中長者一些安慰。

惠卿說，這些伴隨人類成長的鳴蟲，最後對人類居然能發揮療癒的力量，這簡直就是自然醫學的最佳實證。除了聲音有療癒的功能外，養蟲的器具也有。

惠卿跑去上海與北京非常多次，蒐集了各種養蟲的器皿，真的是工藝輩出，有的葫蘆罐中甚至放了簧片，作為擴音之用，各種精巧的道具，我看了也愛不釋手。

尋回與鳴蟲的生活連結

除了物件的收藏，惠卿的論文完整收錄了唐詩宋詞中各種關於鳴蟲的作品，非常用心，也讓人窺見我們所喪失的那份聆聽聲景的情意。

「悄悄禁門閉，夜深無月明。西窗獨暗坐，滿耳新蛩聲。」──白居易

我仔細在記憶中搜尋，最早被一種蟋蟀聲音──那種像是小雞聲音的綿柔質感
──吸引，是眉紋蟋蟀的聲音，從第一次在北投的稻香路旁記錄到牠之後，每年
秋天我都會去尋找牠的聲音。還有一種在知本森林錄到的鳴蟲，我只知道牠應該
是某種金蛉子，但是真實身分還有待查證。我被牠的聲音深深吸引，如果我們能
夠清楚認識這些鳴蟲的聲音與牠們出現的季節、地點，我們的生態旅遊就會有更
多有趣的景點與體驗。🎧14

惠卿參與推動生物多樣性的保育已有十多年，我問她，鳴蟲與生物多樣性有什麼
樣的關係？惠卿強調，生物多樣性的保育目標在於「永續利用」，這些鳴蟲從藝
術文化、生態維護、心靈療癒都有非常重要的意義。世界上不只中國有鳴蟲文化、
日本、西班牙、德國都有。鳴蟲與人類生活關係密切，如果我們能保護鳴蟲生活
的棲地，就能保有這份生物多樣性，未來就有更多創意的可能。

「或許現代人就是失去這種寄情養性的機會，沒有辦法讓自己沉靜下來，學會獨
處。這是一個喧鬧卻又非常寂寞的時代。」惠卿下了一個結語。「該好好去記錄
這些鳴蟲的聲音了。」我也跟自己下了一道指令。

天賦異稟的「外來」歌手鵲鴝。
（楊榮輝攝影）

動物之歌

□

解碼啁啾鳥語

我真的認為,如果這城市
有音樂,都得感謝那群從
不計較酬勞的歌手。我們
必須為牠們保留一個可以
發聲的舞台,學習欣賞牠
們豐富多變的曲目。

我躺在床上許久,沒有夢境,只是專注
地聽著。紗窗外開始透露白光,耳朵突
然竄進一段非常婉轉好聽的歌聲,有如
鈴串激越的音符,在微曦的風中先聲奪
人。其實我注意這段旋律已經很久了,
但是牠算是這條小巷子的新住民,是個
天賦異稟的歌手,我對欣賞這樣的音樂
有所保留,倒是對牠擴散的路徑與範圍
開始好奇。之前牠曾在植物園中現身,
有一年春天,同事突然跑來問我,有一
隻黑白交色,一直在窗外唱歌的鳥是誰
啊?「鵲鴝。」我很快就回答,光聽說
很會唱歌,我就不會說是喜鵲,那種鴉
科的鳥類,註定有著粗嗓門的血統。

「妳怎麼知道?」同事有點納悶我為何
如此肯定。「這種鳥我以前在金門就看
過,最近在台灣也可以看到,算是外來
入侵種。」我的回答有些煞風景,對大
部分的人來說,會唱歌的鳥都是受歡迎
的,誰在乎牠是本土或是外來的?

第一位野地錄音師難忘的嗓音

其實鵲鴝的家族成員都很會唱歌,牠的
親戚白腰鵲鴝(*Copsychus malabaricus*)
更是箇中翹楚。雖命名「白腰」,但是

跟鵲鴝最明顯的差異，反而是牠橙黃色的腹部。我開始注意到牠，是發現特有生物研究中心對這種生物下達了格殺令，卻仍無法阻止牠在此落地生根的決心。而讓這種鳥兒陷入悲情的命運，正是因為牠們有著動人的歌聲。

擁有這等歌藝，自然成了遛鳥者寵愛的熱門貨色。原生於東南亞與中國的白腰鵲鴝，又有「長尾四喜」的稱號，雖為善鳴之禽，原本並非強勢物種，反倒來了台灣，由籠中之鳥而逸於野外，不但大鳴大放，還善於模仿各種鳥鳴歌聲，入境隨俗的功力，讓人嘆為觀止，並與諸多本土鳥種在棲地與食物選擇上產生競爭，因此引起動物學家的高度關注。

然而，白腰鵲鴝迷人的嗓音，古往今來早就擄獲人心，甚至成為人類第一個錄音收藏的目標。我在大衛・羅森堡（David Rotherberg）所寫的書中，注意到全世界第一位收錄野鳥的錄音師——柯霍（Ludwig Koch），一個出生在法蘭克福的德國猶太人，一八八九年他才八歲，爸爸給了他一個愛迪生發明的蠟筒，他就用這個新玩意兒錄下一隻白腰鵲鴝的聲音，這是人類最早使用錄音技術的開端，我從英國廣播公司（BBC）的歷史檔案中，聆聽了這段錄音，非常粗略，雜訊很多，卻仍可以清楚辨識原唱者的優美喉腔。真搞不懂這隻鳥怎麼飛去德國的，或許也是一隻籠中鳥。不過牠顯然打動了柯霍的心，柯霍從小就會拉小提琴，也曾經短暫成為聲樂家，這些音樂薰陶，讓他對自然音律有獨特的鑑賞力，因而成為有史以來第一位野地錄音師。一九二〇年他在德國的 EMI 工作，出版了第一本有聲書，並附上他所收錄的鳥叫聲，堪稱田野錄音的祖師爺。柯霍一輩子出版了很多野鳥錄音記錄，一九三六年他來到瑞士躲避了納粹的迫害，又因緣際會到英國廣播公司，開始製作各種關於野鳥的節目，受到非常大的歡迎。

春日的青笛仔演唱會

正因為錄音技術的發展，讓人更加專注聆聽野鳥的歌聲，而另一種精進人類對鳥

類聲音理解的推手，則是聲圖儀（sonograph）的發明，這是一九四〇年代美國貝爾電話實驗室所發展的高科技產品，透過頻率與時間來呈現聲音訊號的儀器，藉由聲圖的視覺輔助，人類對鳥類聲音的結構，掌握到更多可供分析的依據，同時也開啟了生物聲學的研究。

我雖然沒有成為動物學者，終究還是這些野鳥歌手的追尋者。對我來說，喜歡傾聽鳥語，似乎是走進自然的一種誘因，我深深被那一段段獨特的曲律所吸引，並渴望去記錄牠們。記得小時候院子種了兩棵珊瑚荊桐，每年春天，綠樹紅花中穿梭來去的都是綠繡眼，當時我不知道牠們的名字，只覺得唱歌比麻雀悅耳，後來才知道牠們被喚做「青笛仔」。多麼美妙的布局，當春日來臨，在我家露台前的大樹上，就可以欣賞到一場青笛仔演唱會，而且完全不需盛裝赴宴。🎧[15]

我始終相信，懂得聆聽這樣的聲音，自己靈魂的某個部分也會被喚醒。然而，聲音世界之所以迷人，並不止於聽得見，還要能聽得深。不同的旋律會在不同的人身上產生激盪，比如音樂家聽鳥音，甚至會把這些旋律寫成譜，其中最著名的就是法國作曲家梅湘（Olivier Messiaen），梅湘不僅著重旋律，還關心鳥鳴的音色。據說他在野外記錄鳥聲，僅靠自己的耳朵，並不借重錄音器材，在《鳥誌》（*Catalogue d' Oiseaux*）作品中，梅湘只用鋼琴這項樂器展現鳥的聲音，還有牠身處的聲景，包括水聲、蛙鳴、風聲、日昇日落……全都收錄在曲式中，基本上是非常抽象的表現，老實說，剛開始我很難進入狀況，必須花更多時間去解讀這些內涵。大自然的鳥鳴給了音樂家創作的靈感，而梅湘則用了他的音符，來顛覆人類習以為常的節奏與規範，或是回歸音樂應有的本質──無拘無束，自由自在。問題是，鳥的鳴叫真的是如此自由隨興？我們知道那是唱歌？還是說話嗎？

猜猜歌手有幾位？獨唱重奏分不清

那天在花園中，仔細觀察了一段白頭翁在我家竹柏上鳴唱的片段。我看著牠一面

隨意理毛，一面回應著附近一隻白頭翁的叫聲。有的時候牠回應的旋律跟對方一模一樣，有的時候只是這段旋律的前面三個音符，或是前面第一個音符。我相信這樣的組成一定有其意義，問題是如何解碼？在生物聲學家的界定中，鳥類的叫聲分成所謂的歌曲（song）以及召喚（call），一般有特定旋律的稱為歌曲，通常在繁殖期特別容易聽到，而其他一些嘰嘰喳喳的聲音，則比較像是一種功能性的對話，比如宣示領域、警戒，或是索食……，而在繁殖期間，有時在森林裡聽見公母鳥彼此之間的對應，被稱作二重奏（duet），生物學家認為，這是一種鞏固交配權的宣示。

關於這一點，台大森林系袁孝維教授做了很多年的研究。我曾經播放一些我在野外錄到的藪鳥叫聲給她聽，原本以為是一段獨唱的旋律，在她的指點中，卻發現是兩隻鳥的合唱。「我們研究發現，前面的那段──嘰～啾兒，其實是公鳥的叫聲，而緊接的那段──唧唧唧的聲音則是母鳥的叫聲。有點像是公的在問：妳在哪裡？然後母的會回答：我在這裡。」袁老師非常認真地跟我解釋著。聆聽人類討論鳥鳴的過程是很有趣的，因為在我們的對話中，得很努力透過口技的方式，來模擬另一個物種的語言。還好，因為我對這樣的音律還算熟悉，可以跟著動物學家一搭一唱。

但是也有相反的狀況，有些我以為是「對唱」的狀態，其實只是公鳥的獨吟，其中一個例子就是繡眼畫眉。

失落的人鳥關係

繡眼畫眉是台灣中低海拔闊葉林中極易見到的畫眉科鳥類，叫聲非常多樣豐富，被原住民視為靈鳥，為任何打獵與日常活動占卜吉凶。過去我曾在烏來地區訪問當地的泰雅族長者，他們稱繡眼畫眉為「Silig」；不過同樣被視為占卜的鳥，鄒族、排灣族的稱謂又各有不同。有一陣子我甚至想以繡眼畫眉作為人類學研究的

在原住民文化中被
視為靈鳥的繡眼畫
眉，叫聲豐富多樣。
（蘇宗監攝影）

題目，來看看自然中的音律如何被人類解讀。在非洲肯亞，也有原住民靠著鳥類
獨特的歌聲以及領頭的指引，找到蜂蜜；接受照顧的人類還會留下一些蜂蜜，回
報給這些鳥朋友。我相信那是一種經驗法則，在古老的歲月中，傳承著某種神祕
的力量。可惜今天我們跟繡眼畫眉之間已經缺乏這樣的互信與互助，關於牠的語
言，我們得從科學的角度重新去發現。

我經常錄到繡眼畫眉跟綠畫眉、山紅頭在一起七嘴八舌的聲音，其中除了山紅頭
典型的五連發口哨聲外，綠畫眉的金屬唱腔也非常容易辨識。偶爾，我也會錄
到一段繡眼畫眉的獨唱，牠們會群聚在森林底層穿梭，其中一隻唱了一段主旋律
（也稱作哨音），後面緊接著 ni ni ni 的聲音，而且是有幾隻跟著合誦。剛開始
我以為跟藪鳥一樣，是母的回應。後來向謝寶森老師請教，才知道前面一段主唱
是隻公鳥，但在旁邊應著 ni ni ni 的也是公鳥。

這又是什麼情況？謝老師笑著說：「那應該是一種領域的確定，或是作為同一群體的辨識。」原來這是強調「我們是同一國」的聲音，顯然每種鳥類的鳴唱功能，跟牠所處的環境及生態習性不同有關。

流行唱腔與「模王」高手

謝寶森老師是高雄醫學大學生物醫學暨環境生物學系的副教授，她研究柴山與扇平地區的繡眼畫眉，就注意到兩個地區的鳴唱聲有所不同，尤其是前段的哨音更有明顯的區隔。她發現甚至在柴山地區，領域相隔一百公尺以外的繡眼畫眉，牠們的前段哨音就已有所變化，而且每年不同。比如說，在柴山地區的繡眼畫眉如果分成 A團跟 B團，彼此的哨音就會不大一樣，而且每年自己所屬團體的唱腔也會有更動。「就像流行歌曲一樣，牠們也有當年流行的曲目。」謝老師的回答，讓我想起了大翅鯨，儘管在大洋中巡航漫遊，隨著海底聲波遠送，也會有所謂的年度主題曲，動物學家認為這與文化傳播有關，也就是說牠們會相互學習彼此的歌聲。

為了確認地盤，同一掛的繡眼畫眉會傳誦同一條曲目，藉以跟其他團的繡眼家族作區隔，於是就會慢慢發展出所謂的「方言」。這樣的現象在野鳥世界中非常普遍，比如你仔細聆聽在太平山跟溪頭的藪鳥，就會發現牠們的唱腔有些小變化。明白這樣的變異後，我在進行錄音採集時，就會比較小心地記錄這段聲音錄製的地點與時間，因為誰知道過了幾年，牠們又流行唱什麼歌兒來著？

更妙的是，野鳥除了同類之間會相互模仿外，有些語言高手更擅長模仿其他鳥兒的聲音，中海拔山區的橿鳥（又稱作松鴉）就是，我曾看牠學過台灣藍鵲、小彎嘴的聲音，當場就已經佩服得五體投地。據說牠也會學熊鷹與大冠鷲的叫聲。我問袁孝維老師，鳥類鳴唱應該很耗能量，為什麼橿鳥這麼喜歡學別人唱歌，是因為天性好玩嗎？還是背後有什麼目的？

袁老師對我拋出的各種問題，似乎全能接招。「野鳥之所以會模仿其他動物的聲音，可能跟競爭有關。牠們會藉由這些聲音來傳播一些錯誤的訊息，讓其他野鳥以為這裡已經住了很多的鳥，甚至有天敵存在，於是就可能不會選擇侵入你的地盤。」

別讓噪音勝鳥音

真是太有心機了，沒想到這樣的欺敵策略居然也應用在野鳥世界中。但是如果身懷這種本領的是外來種，那就不大好玩了。白腰鵲鴝天資聰穎，連小彎嘴的聲音也模仿得入木三分，學習能力很強，終身都處在語言敏感期，擁有這樣的絕活，對本土鳥類的生存勢將造成一定的衝擊。

但是無論如何強勢的鳥類，都比不上人類無所不在的噪音。

近年來的科學調查顯示，在馬路邊生活的白頭翁，因受到噪音的影響，必須加強自己的音量。甚至有些蟬為了要讓自己的聲音能被同類聽見，只好把音調調高，但是卻影響了生殖交配中所要傳達的訊息。生物學家發現，城市中生物多樣性會降低，很明顯跟噪音有關。許多必須仰賴聲音傳播溝通的物種，註定無法在這樣的環境中生存。於是越來越多生物聲學的研究，應用在未來環境監測與管理的指標上，特別是城市綠地的設計，更需要考慮保護綠色聲景的重要性。

我真的認為，如果這城市有音樂，都得感謝那些從不計較酬勞的歌手，儘管牠們的初衷不是為我們人類獻唱。但是我們必須為牠們保留一個可以發聲的舞台，並且學習欣賞那些豐富多變的曲目。

為什麼我們要繼續去聆聽鳥語，理解這樣的音律？就讓我以那位愛用薩克斯風與鳥兒一同演奏的作家大衛・羅森堡所寫的一段文字來下一個註腳：「我們行走在美之中，我們在美之中聆聽。鳥也偕美而飛，並將美保存在聲音中。」

可愛的綠繡眼，是穿梭在城市與鄉
野的「綠色吹笛手」。（楊榮輝攝影）

動 物 之 歌

□

深海探聲

當船來到離岸三公里的海面，想到這遼闊的情景將成為歷史雲煙，總有一份不捨。如果這是人類必須面對的選擇，也期望科技能減少對環境的干擾……

早上七點半，我跟林天祥約在苗栗的後龍火車站碰面，我準時到達。這個車站建在二樓，我爬上爬下找不到他。打了電話過去，他說他就住在旁邊，幾分鐘後，天祥跟兩個學弟一起出現，他們是來支援的幫手，為了一大早出海，昨天連夜帶著一堆器材趕來，這些大男孩看來都還有些睡眼惺忪。我今天得跟著他們從外埔漁港出海，這個漁港不大，卻停了不少漁船，其中一艘「世通168號」就是我要搭的船。現在台灣海峽捕不到什麼魚，新一代的討海人，紛紛轉型成休閒漁船，賺海釣客的錢，比看天吃飯更有保障。當然，偶爾接些協助研究或工程單位的案子，也算是一筆外快。

林天祥是台大工程科學與海洋工程學系陳琪芳教授的研究助理，是馬來西亞僑生，碩士論文探討了利用圍起氣球牆來解決離岸風力發電場（offshore wind farm）的噪音問題，這正是台灣接下來最熱門的話題之一，所以畢業後他繼續留在實驗室，希望有機會將研究付諸實踐。

風力再生能源的兩難

為什麼選擇在離岸架設風力發電機？背

後的原因很多，一方面是為了解決陸地大片面積取得不易的問題，加上寬闊的海域可以提供更好的風場環境；另一方面，歐洲許多國家從一九九〇年代之後，紛紛設立離岸風力發電場，有著成熟的技術與經驗，足以成為台灣的借鏡。

這十多年來，台灣廢核聲浪前仆後繼，加上燃煤電廠所帶來的環境負擔，如何發展再生能源成為當務之急。二〇〇九年開始，政府制定「再生能源發展條例」，到了二〇一三年，經濟部能源局跟兩家獲得「風力發電離岸系統示範獎勵案」的民間業者簽約，目標是在二〇一五年先架設四座示範型的離岸風機。

根據業者的規劃，未來的風場位置分為兩區：一處是在彰化縣芳苑鄉外海十一公里，水深二十五至四十公尺處，將設置三十座風力機，從這裡應該可以遙望到那片曾經上演反國光石化興建的溼地；另一處則規劃在苗栗縣竹南鎮外海一至五公里，水深五至三十公尺處，設置三十座風力機，而這裡就是我今天要拜訪的海洋現場。

針對離岸風電場的設置，更讓人關注的焦點，就是噪音問題。從一開始的海底打樁，到啟動後帶來的運作聲響，絕對是驚天動地的舉動。隨著水下聲學研究技術的發展，科學家開始關注海洋哺乳動物是否會因人類的干擾而受到波及？特別是這些離岸風電場設置地點，正好也是那群讓國光石化停建的重要理由——中華白海豚洄游出沒的地點，因此開發單位找上了研究單位，希望針對這些地區的水下環境先進行相關調查，來掌握更多資訊。

天祥今天的任務，就是把一台水下錄音機放在未來離岸風電場設置的海床上。這種海洋錄音機稱作：SM2M Marine Recorder，整體設計跟陸地上使用的錄音機很不同，它像是個黃色長型圓鐵桶，被架在一個特製的鐵架上，裡面有支水下麥克風會持續錄音，電池供電可長達一個月之久。天祥幾個星期前，在另一個地點布下一台SM2M，打算過陣子要去取回。這樣來來回回的作業已經持續了好幾個

月，目的就是要蒐集水下的聲音記錄，以作更全面的評估與分析。

水下錄音大不易

這艘船有二百多噸大，算是我搭過非常舒服的漁船，還有絨布沙發可坐。船長姓王，帶著一位菲律賓漁工，船上除了台大團隊，還有兩位協助固定錄音機的潛水教練。當我們的船來到苗栗竹南外海離岸三公里的海面時，心想眼前廣袤遼闊的情景將成為歷史雲煙，總有一份不捨，如果這是人類必須面對的選擇，也期望科技能幫助減緩對周遭環境的干擾。我陷入沉思，突然間，聽見船長叫漁工去釣魚，只見菲律賓人三步變兩步，興奮地躍出船艙，立刻架起魚竿垂釣起來，怎麼一下子成了海釣之旅？原來是船長為了測試底下水流，提供潛水教練參考之用。當然，他也想試試手氣，看能不能幫中餐加菜。

我們運氣不錯，剛好碰上風平浪靜的一天。教練跟天祥溝通後，決定在這裡放SM2M，這裡水深大約是二十公尺，潛水教練必須協助讓這台水下錄音機藉由卯釘固定在海床上。台灣海峽的海底主要由沙泥構成，如果機器很重，一陣子很可能被埋在沙子底下，所以必須做好 GPS 定位。不過最讓人擔心的，還是在附近作業的底拖漁船，把昂貴的器材拖走不算，還可能因為網具被破壞而提出求償。研究人員雖然會在港口公告提醒漁民，但是一般討海人是不怎麼理會這種事的，而這些風險也是海洋研究經常面對的挑戰之一。

這些辛苦蒐集回來的海底資訊，又該如何應用呢？我決定去拜訪天祥的系老闆，也就是陳琪芳教授。這幾年許多大學的系所名稱，為了因應時代變遷而紛紛改名，弄得我有點迷糊。現在台大的工程科學與海洋工程學系，在我那個年代稱作造船。這樣我就懂了，船跟聲納設備有關，當然任何有關水下聲學的工程研究與技術，就是從這個系所開始的。然而在這個充滿陽剛氣息的學系裡，負責水下聲學實驗室的，卻是一位女性教授。

我想我不是第一個對此好奇的人，陳教授指著牆上一張泛黃的舊照片說，她是民國六十六年從台大造船系畢業，大學四年中不論前後期，都沒遇到一個人來當她的學妹或是學姐，她足足當了四年全系唯一的一朵花。

長期忽略的海洋噪音

這樣的女生，到了美國麻省理工學院，拿了海洋工程博士學位回來，也被母校延攬任教至今。她是聲納（Sound Navigation and Ranging，簡稱 SONAR）專家，也是水下聲學實驗室的負責人。但是台灣過去並不大重視海洋噪音的研究，一直到二〇〇九年，美國的藍賽斯號（Marcus G. Langseth）海洋研究船來到台灣海峽，進行一項「台灣大地動力學國際合作研究計畫」（TAiwan Integrated GEodynamic Research，簡稱 TIGER），為了分析台灣地底結構，每隔五十公尺就朝海底發射一次低頻高位準的空氣槍（airgun），這件事立刻引起環保團體的抗議。後來國科會趕緊召集國內研究水下聲學的團隊在現場進行噪音測量，一旦超標就要立即停工，這件事情讓大家發現，原來過去我們的科學研究，長期忽略海洋噪音這個領域。

一般國際認定的海洋噪音是 180 分貝（dB），由於環境與空間條件的不同，跟陸地上界定的標準不一樣。但是我們所說的「噪音」（noise），在海洋聲學的領域，比較等同於聲響訊號。所以在量測聲音時，也會著重於整體的聲景，包括在地環境的地理特徵，舉凡水流、地震等原本的聲響，還有人類製造的聲音，例如漁船、海底工程所產生的音源，另一種層面則是生物性的聲音，也就是海洋生物所發出的聲音。這些聲音的組成有其獨特的在地性，非常需要建立起基本的資料，才能幫助未來的監測與管理。🎧[16]

面對台灣即將而來的離岸風電場，陳琪芳團隊的研究領域，扮演十分重要的關鍵，除了建構台灣海峽水下的聲場資訊，也必須設法幫忙減少水中噪音的擴散，例如在風力機外圍起氣球牆，或是在水下產生雙層氣泡的遮蔽，在兼顧環保與發

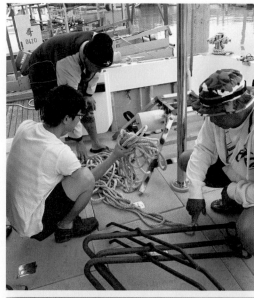

1	3
2	4

1 置放水下麥克風的準備作業。
2 船上的儀器能幫助掌握正確位置。
3 陳琪芳教授當了四年系上的唯一一朵花。
4 林天祥希望能解決風電場施工所帶來的噪音問題。

展再生能源的目標下，這樣的技術被寄予高度期待。

其實，人類關注海底的聲音，有著悠遠的歷史。早在公元前四百年，亞里斯多德就提出在水中可以聽見聲音的看法。而關於水下聲學的創舉研究，最早是在一八二六年，瑞士的物理學家柯拉頓（D. Colladon）與法國的數學家史恩（C. Sturm）在日內瓦湖首次量測到水中的聲速。

陳教授告訴我，二十世紀水下聲學的技術發展，跟國防工業有著密切的關係。

國防、氣象與蓬勃的海洋聲學

一如電影《獵殺紅色十月》中所描述的情節，在冷戰時期，美國為了掌握蘇俄潛艇的活動，在海中布下了反潛艦的水下監聽系統，稱作 SOSUS（Sound Surveillance System），也就是美國海軍從格陵蘭、沿著冰島到英國之間的大西洋海底下，架設了一道天羅密布的監聽網絡，來掌握敵國任何的輕舉妄動。

果然是「道高一尺，魔高一丈」，原來懂得聆聽才能判得高下。SOSUS 是冷戰時期的祕密武器，但是隨著國際情勢的轉變，已不符合軍事上的需要，卻須有昂貴的資金挹注才能予以維持，於是到了一九九〇年之後，美國軍方把這樣的設備開放給民間業者與科學家來使用，一方面分擔沉重的財務壓力，一方面也促成了海洋聲學研究的蓬勃發展。

今天，全世界的海底都紛紛布下這些利用海底麥克風與海底電纜所建構的監測網絡，在歐洲稱作 EMSO，在加拿大稱作 ONC-NEPTUNE，在日本稱作 JAMSTEC-DONET……各自擔負著不同的職責，從國防、地球科學、鯨豚研究……，透過海洋傳來的音息，竟也引起百家爭鳴。台灣雖然發展得比較慢，卻也在二〇一一年花了四億元，在東部外海二百公尺水深處，架上了第一支固定式

水下麥克風。然而，負責構築這座海底電纜觀測系統的，並非學術研究機構，而是中央氣象局。

到底海底的哪些聲音，引起了氣象人員的關注，在陳教授的指引下，我寫信給兩位重要的氣象人員——地震測報中心的課長林祖慰與技正蕭乃祺，希望他們能指點迷津。

我們約在氣象局見面，也就是每次在電視螢幕看到災情說明的畫面，親臨現場總覺得跟想像有些不同，倒是看見有一整面牆展示著東部海域電纜式海底監測系統的示意圖像，這個計畫又稱「媽祖計畫」，是出自於英文名字 MACHO（MArine Cable Hosted Observatory）的諧音，也是氣象局目前最重要的成果之一。

地震，是台灣人最害怕的天災之一。根據研究，台灣每年可以偵測到兩萬次以上的地震，許多震央的位置都在東部海底，二〇〇四年發生的南亞海嘯震撼了世人，加上台灣海底火山與地殼板塊的運動頻繁，需要更積極的監測，於是中央氣象局決定在宜蘭頭城外海四十五公里，也就是蘇澳港附近海底二百八十公尺深處，架設一個觀測平台，連接地震儀、海嘯壓力計、水下麥克風以及鹽溫深儀（CTD）等許多儀器。

為什麼選在「頭城」登陸？林課長回答：「我們先調查了所有電信業者擁有的海底光纖電纜上岸的地點，再配合地震最容易發生的區域，因此選擇這個地點。」成本，永遠讓人學會妥協。為了減少成本，中央氣象局租用了中華電信在頭城的機房，讓海底所蒐集的資訊可以立即傳回氣象站。

但是就地震測報來說，這樣的系統可以帶來什麼直接幫助？蕭技正一面指著螢幕上傳回來的大地訊息，一面向我解釋：「如果是東部外海發生強烈地震，至少可以爭取十秒到數十秒的應變時間。」十秒？聽起來不是太長，但是對氣象預報來

說，哪怕多掌握一點點時間都是非常珍貴的。

基本上，MACHO 如果要預測地震，恐怕用不著水下麥克風，但是這樣的水下設備卻成了台灣海洋聲學研究一個非常重要的基地，又稱為「台灣東北角海底觀測站」，簡稱 MONET（Marine Observatory in the Northeastern Taiwan），因為透過麥克風二十四小時連續錄音，檔案資料非常龐大，因此都被儲存在頭城機房的電腦裡，陳琪芳教授的團隊一陣子就會去把資料拷貝出來，帶回去進一步研究。而這些聲音資料庫，也會同時開放給幾位聲學實驗室的學者共同使用。大家各取所需，研究主題包括了水下通訊的研發、海洋物理的分析，及鯨豚生態的調查，都藉由 MONET 獲得非常重要的聲音素材。

從 MACHO 到 MONET，我真的很佩服學者命名的功力，除了要投身科學研究，
還得花心思為自己的研究計畫定出一個響叮噹的「名號」，來方便記憶與傳達。

不過最讓我感興趣的，是這支架在黑潮中的水下麥克風，究竟可以聽見什麼聲音？
我知道，如果要解答這個問題，得去拜訪另一位專家，那，是下一段旅程的開始。

動物之歌

□

鯨豚縱歌

對我來說，談起黑潮，就
有一種深刻的家鄉情懷。
雖然也搭過賞鯨船去到黑
潮流經的海域欣賞鯨豚的
身影，但從沒想到透過聲
音，可以知道更多黑潮底
下的祕密……

五月的風，在台大校園掀起滾滾的綠色
波浪，眾生潛行，在樹海中穿梭入島。
我匆匆趕赴，因為約了林子皓見面。幾
個月前，我曾在西西里島的研討會中，
聽過他發表的研究報告，那是關於如何
利用「台灣東北角海底觀測站」（簡稱
MONET）提供的聲音，來了解台灣東部
海域鯨豚族群的狀況。我不知道現場有
多少外國人了解黑潮，感受過黑潮？對
我來說，談起黑潮，就像是談起玉山，
有一種深刻的家鄉情懷。雖然也搭過賞
鯨船去到黑潮流經的海域欣賞鯨豚的身
影，但是我從來沒想到，透過聲音，卻
可以告訴我更多黑潮底下的祕密。

好幾年前，子皓就曾經上過我的「自然
筆記」節目，討論中華白海豚的研究，
大概從二〇〇七年開始，子皓加入了台
大生態學與演化生物學研究所周蓮香老
師的鯨豚實驗室，最早是由聲音來辨識
台灣海峽上的鯨豚種類，後來甚至透過
水下的聲學研究，來了解鯨豚洄游的路
線與覓食行為。從大四一直到博士後研
究，子皓始終在這個領域中累積自己的
專業，特別是離岸風電場的開發，正好
與白海豚活動範圍重疊，因此子皓目前
所關注的，不僅是台灣的東部海底，也

含括了台灣海峽之下的聲景。

起步中的鯨豚聲學領域

幾個月不見，子皓還是老樣子，只是手指上多了一個戒指，原來他上個月成婚，是剛出爐的新郎倌，難怪滿面春風。我趕緊向他恭賀致意，好奇他怎麼這麼早成婚？「我已經三十歲了啦……」子皓一面搔頭，一面趕緊向我解釋，我打趣地說：「可是看起來很幼齒啊。」我望著子皓，明白了一件事：台灣鯨豚的研究，特別以聲學的領域而言，就跟眼前這位學者一樣，還非常年輕。

中華白海豚的調查，原本是關心牠的族群量，這種還不到百隻的生物，已經陷入瀕臨絕種的困境，二〇〇九年子皓在雲林六輕附近，也就是新虎尾溪的出海口，利用當地一支已經架在海中用來觀測天氣的海氣象樁為基地，布下一對可以觀測海豚出現與洄游方向的水下麥克風，透過一年半的監測資料，他發現中華白海豚並沒有一般陸地生物所謂日夜出沒的規律習性，牠的覓食模式主要是隨著潮汐來進行，也就是漲潮時會隨著潮水來到河口覓食，退潮時則會隨著潮水游回海洋。

子皓說，這些白海豚主要是在水深十五公尺以內的海域出沒，而大部分離岸風機設置的地方都超過這樣的水深，雖然不在其主要的活動路徑上，但是未來離岸風電場從施工到營運，都會產生很大的噪音衝擊，對這些海洋哺乳動物究竟會帶來什麼樣的傷害？也正是子皓研究的內容。

當然，了解鯨豚的感官是第一步。我想起在西西里島遇見的美國海洋生物學家凱特（Darlene Ketten），她最著名的事蹟，就是透過解剖擱淺海豚的頭顱，發現牠們的聽覺系統受到嚴重傷害，用這些證據來控訴軍方的聲納武器造成海洋生物的死亡，在此之前，人類從來不認為自己要為這群生物的悲劇負起責任。

高頻海豚 VS 低頻大翅鯨

透過生物聲學的研究，科學家發現鯨豚感官的祕密，也開始警覺到許多鯨豚擱淺事件，跟水下噪音有著密切的關係，因為牠們的聽力非常靈敏。而鯨豚發聲各有其結構的特質與限制，基本上區分成齒鯨與鬚鯨兩類。齒鯨能發出一種廣頻的脈衝性滴答聲（click），聲音頻率比較高，甚至超過 300 千赫（KHz，1 千赫等於 1000 赫茲），人耳可以聽見的最高頻率只到 20 千赫，這些聲音就像是聲納的功能，可以偵測前方物體的大小、位置。海豚都是屬於齒鯨類，牠們還會一種哨聲（whistle），這種聲音可以作為個體辨識或是情緒的表達。而鬚鯨並沒有齒鯨的聲納高頻的聲音，牠們發出來的聲音頻率很低，有些會低到 20 赫茲（Hz），是人耳無法接收的範圍，但是可以做長距離的溝通，最有名的大概就是大翅鯨的歌聲，因為多變的旋律起伏，讓人類為之著迷，透過學者的研究還發現，大翅鯨這種生物每一年都有年度主題曲。也就是說不論是在太平洋、大西洋或印度洋上的哪個角落，各地的大翅鯨都會傳唱同一首歌曲，而且到了下一年又會流行不一樣的歌曲，這種現象正因為牠們擁有無遠弗屆的低頻聲響，可以展現出這種文化傳播的學習結果。

而根據子皓的研究，中華白海豚對於 32 ～ 54 千赫的聲音最為敏感，牠的哨聲主要是在 1 ～ 35 千赫的範圍，特別是 1 ～ 10 千赫是牠廣泛使用的頻段。未來離岸風電場產生的噪音，有可能造成這些生物聽力衰減，或是情緒性的壓力……，面對可能發生的問題，必須要有預警性的防範措施，包括建立白海豚的活動預期模式，作為施工期的參考，規劃出安全區和安全時段，以避免對中華白海豚造成無法承受的永久傷害。

台灣海峽底下的聲景

但是離岸風電場的設置，不僅是海洋生物學家關心，在地漁民也非常關注，擔心

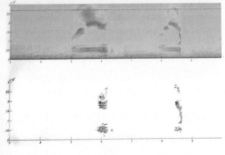

1 我們只能在海面上賞鯨，但水下麥克風卻可以掌握
　更多訊息。
2 子皓向我解釋如何記錄中華白海豚的聲音。
3 聲紋分析顯示了生物聲音的特質。

是否會影響未來的生計。子皓認為，台灣海峽底下的生物原本就已經岌岌可危，也許可以趁勢劃為特定保護區，反而幫助海底生態休養生息。

究竟在台灣海峽中，還存在著什麼樣的生物？子皓同樣透過幾台 SM2M 水下麥克風，聽見各種有趣的聲音，包括一整群石首魚，也就是小黃魚的聲音。這種魚在清代即有此描述：「四月間，自洋群至，綿更數里，聲如雷」。這番雷聲，過去還沒有漁探機的時代，漁民光用耳朵貼在船艙，就知道魚在哪裡，可見族群之大，然而盛況不再，今天得把麥克風拉到水下才能有所聽聞。🎧¹⁷

另外也錄到了海鯰這種底棲魚類的聲音。我無法想像在台灣海峽的水下，還有群魚合鳴的奇特旋律。說魚會叫，我想大部分的人都沒聽過，不過一位朋友跟我說，他有一次釣了一條魚，就聽見那隻魚叫起來，好像在對他求饒，於是他從此封竿，再也不釣魚了。後來我問了著名的魚類聲學學者嚴宏洋教授，才知道魚會利用魚鰾周圍的肌肉震動來發聲，或者摩擦身體堅硬的部分來製造聲響。這種聲音也有其功能上的意義，比如求偶，但是會不會應用在求救，我就不得而知了。

相對於台灣海峽底下的聲景，黑潮下又是一個全然不同的世界。因為不論是地形、水深、洋流等條件都不同，當然來此造訪的生物也十分迥異。

子皓透過那支放在蘇澳海底的水下麥克風，有了非常有趣的發現。

從聲紋探知黑潮下的祕密

這裡雖然是海底二百八十公尺的水深，但是附近剛好遇到海脊的地形，洋流會有湧升的現象，本身就是魚群匯集之處。子皓從二十四小時的聲音側錄中發現，這附近的鯨豚攝食，有明顯的日夜區分。牠們特別會在晚上六點到十二點之間，聚集在這裡覓食。造成這種現象背後最大的因素，正是受到深海散射層（deep

鯨豚縱歌

scattering layers，簡稱 DSL）的影響。

這是科學家最早用聲納去監測深海時，發現有一層濃密的聲波反射層，白天會在二百公尺以下的深海，傍晚則會上升到比較淺的水層，原來這群會移動的聲波，是由一群深海魚類，像是燈籠魚、巨口魚，或是磷蝦、烏賊、水母所組成的。牠們集體移動，主要是為了躲避白天在水面活動的掠食性動物。但是在海洋中層洄游的鯨豚，也很清楚這些生物的活動習性，牠們會在這個時間等待大餐出現，而牠們享受佳肴的過程，全都被錄音下來。「那些鯨豚，種類多得我們也弄不清楚究竟是誰發出來的聲音。」子皓所描述的聲景，讓我對黑潮有了更透澈的理解。

這些聲音，透過電腦的自動辨識系統，獲得全面的解讀。子皓發現，每年春季與冬季，是鯨豚來此聚會最熱絡的季節，反而夏季我們到海上賞鯨，是黑潮上鯨豚洄游的淡季。

除了這群鯨豚的聲音外，子皓希望未來對於黑潮下的聲景，有更多的研究。不過他在跟我解釋黑潮下的聲響時，卻是透過視覺來傳達，他指著電腦上的聲紋，比對旁邊的數字，用這些訊息為聲音定位。我笑著說：「原來生物聲學的學者是『看』聲音，而非『聽』聲音。」子皓說：「沒錯，因為這才是最精準的判斷。」或許我太過浪漫，不論牠是誰，我知道我對那樣的浪遊縱歌都極為神往。那一連串不為人知的祕密，將通過那道海纜線，層層傳送到世人的耳裡，彷彿重新聆聽血脈下的汨汨旋律，從大腦穿透心靈，帶來一種全新的撼動。

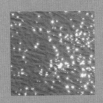

繽紛耳界

□

傾聽的藝術力

或許因為陌生，那些我們習以為常的背景聲音，藝術家都忠實記錄，並且毫無禁忌與限制地發揮創意，發展成一嶄新跨界的立體作品。

對於創作者而言，往往藉由顛覆感官，來展現另類的思惟與主張，讓觀者透過這些體驗，觸動更多內在的靈性空間，進而豐富生命的感受層次。當我走在北美館，欣賞瑞士《帕克特》（*Parkett*）雜誌與一百九十位藝術家共同合作，超過二百二十件作品的展覽時，彷彿看到全球當代藝術創作具體而微的縮影。

冷氣在展示間裡流竄，大膽炙熱的影音向我簇擁而來。對參觀者而言，藝術欣賞畢竟是極私密的收藏，正如旅行的過程，所有的收穫都得跟自我經驗進行互動，並重新融合創造。

聲土不二，台灣道地聲音的啟發

我讓意識自由穿越，卻被其中一間的田野聲音所吸引，那是一種既熟悉又陌生的混合感受，我不由自主地走入一個奇特的現場，驚喜地發現這裡居然是澎葉生（Yannick Dauby）和他太太蔡宛璇，及許雁婷的創作空間，作品稱作《聲土不二——嘉義聲音再生計劃》，是澎葉生花了十二個月的時間，採集嘉義縣十八個鄉鎮的各種聲音，完成了多聲道的聲音裝置作品。澎葉生希望透過聽覺，

傳達超越視覺以外更豐富的想像，讓這些田野素材有更多元藝術的詮釋。

多年來，我的廣播節目中有一個「聲音紀錄片」單元，雖然我有二十年拍攝紀錄片的經驗，然而，單純透過聲音來展現紀錄片內涵，對我來說更具挑戰，那是一種全然不同的說故事方式。因此我很好奇，澎葉生如何利用「聲音」來創作。

這個作品所揭示的主題「聲土不二」，其實是出自「身土不二」一詞，本為南宋僧語，後來在日本食養運動被定義為「人應當多進食身處的土地所生產的食物」，近來也被詮釋成一種在地精神的表徵。而澎葉生所關注的，正是台灣道道地地的環境聲音，包括自然與人文的層面，有些是我們習以為常的背景，有些是被我們忽略的細節，不論是傳統樂器的演奏、市集商賈的叫賣，或是自然野地的天籟，都被藝術家忠實記錄，並發展成一個嶄新的立體作品。

1 | 2 | 3

1 正在收錄青蛙聲。
（澎葉生提供）
2 澎葉生和宛璇來上我的
廣播節目「自然筆記」。
3「聲土不二」的展場。

因為吵雜，聽覺經歷更多層次

澎葉生是法國人，就跟我認識的許多錄音師一樣，有種沉靜溫柔的特質，他的中文名字「澎葉生」，蘊藏了很多不同的含意。其中的「澎」，包括了太太蔡宛璇是「澎湖」出生的女孩，也意謂了無論是澎湃巨浪或是輕擲落葉都是他關注的聲響，總之，澎葉生是一位善於聆聽的藝術家。他不僅在藝術學院擔任老師，也在電台製作節目，在他耳裡，所有的聲音都可以成為鮮明活潑的創作元素。

比起台灣長期對聲音的忽視，歐洲人在賞析與辨識聲音上顯得更加多元與包容。聲音本身可以化約成簡單的符號，藉由這樣的媒介穿透時空，不論是大地遺留的跫音，或是荒野中的一聲喟嘆，都可以為時代做見證，激起無數感動的火花。重點是，那樣的聲音書寫，需要有鑑賞力的舞台，需要高品味的閱聽大眾。

傾聽的藝術力

171

澎葉生說剛開始在台灣錄音時，發現一個地方同時可錄到五、六種青蛙的叫聲，甚至還有些無法辨識的昆蟲聲音，讓他覺得不可思議。因為在他的南法家鄉，一個夏天頂多聽到一種青蛙的叫聲，而且所有生物幾乎都被透澈研究，他很難想像光是自然界的聲音，就足以揭示這片土地存在許多未知的謎團。🎧[18]

「那根本是一首結構複雜的交響曲。」澎葉生描述他在田野錄青蛙和鳴時的感受。當然，以生物多樣性而論，如果法布爾是生活在台灣，他的《昆蟲記》恐怕可以做出超過十倍的分量。而澎葉生自二〇〇四年開始記錄台灣土地的聲音，從一個法國人的角度來看，台灣的確是個非常吵雜的地方，隨時隨地都散播著各種不同的聲音，無論鄉間或城市，那樣多層次的聽覺經歷，是他從未有過的體驗。

因為差異，聆聽的藝術向度更多元

或許因為陌生，這些聲景帶來的靈感與衝擊，可以讓他毫無禁忌與限制地發揮創意，把一切都當作某種音符來運用，在他的「蛙界蒙薰」聲音個展中，他把莫氏樹蛙與電子合成音樂混搭成一首跨界的曲目。他的理念是，如果躲不過噪音對環境的干擾，就用不同的方式來重新組合。於是工業化所帶來的扭曲音律，疊合著莫氏樹蛙連串的呱鳴，像是電影中的「暴力美學」，形塑出一種驚悚的遊戲氛圍，讓人不得不抽離這些聲音所帶來的感官語彙，去重新聆聽一段被虛擬的真實情境。

澎葉生記錄自然聲景，並非出自對生物的喜愛，而是對音律的著迷。相較於他所追求的藝術形式，我反而多了幾分鄉愁式的懷舊執著，然而從小我是在都會成長，就聽覺記憶來說，自然天籟相伴的情境只是蜻蜓點水的片段記憶，但是車馬喧囂的城市氛圍也非我習慣的背景。我之所以熱愛自然音樂，應該是從開始認真賞鳥為起點，決定拿起指向性麥克風為濫觴，在聲音的殿堂當中，我所期待的是一種考古式的聲音追尋，也就是回到那一切喧囂來臨之前，一種對原始美好情境的思念，我期待能保有那本然的空間。

只是，那樣的寂靜，是不是一種意念中的想像？我究竟能在聲音記錄的場域中，找到什麼樣轉折的線索？我證明這些轉變，是為了喚起什麼樣失落的記憶？我想起之前看的一部電影《里斯本的故事》，主角是位電影的音效師，這是我少見用聲音的角度進行思索的作品。片中德國導演溫德斯（Wim Wenders）不斷引用葡萄牙詩人費爾南多·佩索亞（Fernando Pessoa）的詩句，來表達創作的意念，他提到藝術家就是創作一系列思考的過程，我們唯一能憑藉的只是記憶，而這些記憶可能只是一種幻境，無法呈現「真實」。人唯有透過聆聽以及摒棄視覺，才能真正「看見」（I listen without looking and so see. — *The Book of Disquiet*）。

然而，我所要掌握的寂靜，絕非思想上的辯證，而是對自我的省思，一種審度環境的感官開啟。我相信人類對環境的壓迫，促使這樣的節奏被迫退席。我相信有些聲音，是伴隨著演化而來的旋律，是能促成我們內心世界達成共鳴的神祕鎖鑰，至少，我相信學習傾聽寂靜的過程，將會帶來溫柔卻又堅定的力量。而活在複雜聲音世界的我們，有足夠的機會來鍛鍊這份能力。

我決定從這個方向來尋找答案，我知道那樣的聲音，不只存在於大山大水之間，還有我們腦海中涓涓細流的幽微脈動，而且那樣的聲息互動，將不再只是被遺忘的傳奇，而是建構起自然萬物彼此相依的重要連結。比如說，科學家發現有一種「粉紅噪音」，居然可以提升人的專注力，甚至讓人安眠，所謂的「粉紅噪音」，指的是一種類似大自然中微風輕拂的聲音情境，而今天有越來越多的人，開始尋求音樂治療來幫助身心靈的修復，這一切究竟透露了什麼樣的訊息？這段旋律才剛啟奏，我得好好聆聽下去。

繽 紛 耳 界

□

聲音的裁縫師

越來越多的野地錄音師，開始用他
們新的美學觀點，設計出有別於視
覺所帶來的動人饗宴，在那些聲音
的展演中，所有細節與想像，都需
要被重新認識與建構。

一九九七年的九月六日，「自然筆記」在教育廣播電台開播，這是我第一次「創業」，沒有任何獲利模式（business model），也無任何「商機」可言，相較於電視影像的優勢，這樣的聲音製作工作，其實是很難謀生的差事。後來我才明白，我走上了一條「獨立製作」（freelancer）的路，所有的舞台都得自己去張羅，而我也用了我所有其他的專業（文字、影像、演講……），來養活這個廣播節目。

「自然筆記」至今換過三次片頭。回顧當初第一個片頭，似乎就清楚記載了最早的起心動念：

「有一種聲音一直在你心中盤旋……在城市中，你需要將心情還原到最初。現在，就請你準備好你的筆記，和我們一起，與天地間的萬物展開對話……

自然筆記，讓范欽慧帶您用聽覺來素描大自然。」

「用聽覺來素描大自然」，原來我早已把聲音當成顏料來運用，每一集節目，都是我揮灑的畫布。然而，跟一般節目不同之處，我喜歡的「顏色」，多是來自田野的採集。就製作成本來看，交通、住宿，還有昂貴的錄音器材、錄音帶耗材，是一個非常傷本的方式。對當時的我來說，是不小的經濟壓力。但是我心裡很明白，製作節目其實是手段，真正的目的是到野外，去跟我想聽見的聲音靠近。

大型盤帶，考驗手感與聽功

記得剛到電台工作那時，還是用大型盤帶錄音，跟我在大學所學一致，所以處理起來沒有任何門檻。那時的機器，修剪內容必須要靠耳朵的聽功，也要靠一些手感，才能修剪得精準漂亮。而且開始工作前，還有一套基本儀式要進行：比如把預錄的盤帶先消磁，確定你的帶子是空白的，再拿一根棉花棒沾些酒精，把錄音磁頭擦一擦，去除掉殘留的褐色磁粉等。為了講究錄音品質，這些基本功是不能免的。

不過最刺激的，應該就是混音作業，有時甚至要請好幾個同事一起幫忙按 CD 或是錄音帶的播放鍵，才來得及讓各種音源一次混音進來，過程簡直是驚心動魄，需要考驗彼此的默契，所以你經常可以在錄音間聽到有人喊著：「等等等……好了好了，快到了快到了……準備，按！」種種聲音在我腦海中仍然非常鮮明，相信這對現在習慣用滑鼠拉檔案的世代是無法想像的。更早一點的記憶，是我大學那個年代，還在放黑膠唱片的時期，其中最重要的技術在於要把唱針對得準，也就是要不偏不倚地放在兩首曲子之間比較深的溝槽間，否則播音員話一講完放下唱針，結果手眼不協調地落在前一條曲子的尾奏，或是錯過了這首曲子的前奏，那就糗大了。

除了錄音間的後製記憶外，在野地錄音又是不同的一大挑戰。「自然筆記」是一個著重於田野錄音的節目，為了錄大自然的聲音，我購買的第一台專業錄音機是 Sony 的 TC-D5M，這是一款錄音品質很好的攜帶式立體聲的卡帶錄音機，搭配的麥克風就是人稱鐵三角（audio-tdchnica）的 AT815b 的電容式指向性麥克風，這種麥克風可用來訪問，也可錄比較遠距離的聲音，比如樹頂上的鳥叫聲。

從傳統到數位，上山下海的田野記憶

這套設備陪我走遍大江南北，最早在蘭嶼錄到嘟嘟嗚（蘭嶼角鴞）跟綬帶鳥的是它，第一次在富里森林錄到朱鸝的聲音是它，跟著我一起登上玉山山頂也是它，這套設備對我來說有著非常深厚的情感，它幫我記錄了那些最初、也最難忘的聲音地標。我還記得開始錄鳥音時有一種強烈的狂熱，經常五點鐘不到就守在烏來或是關渡等著鳥起床，每錄到一種聲音，就趕緊透過望遠鏡把它的主人翁找出來，然後早上八、九點，當人類開始活動，我就會睡眼惺忪扛著機器，帶著滿足的微笑回家補眠。🎧19

回想當年的瘋狂，其實更懷念那份非常幸福的感受。人聲鼎沸之前的清晨聲景，

總是讓人沉醉，而我的生命也由原本的雲淡風輕，逐漸來到另一種喧譁的階段。

後來隨著錄音工程技術的發展，周遭的朋友開始換成 DAT 或是 MD 錄音，雖然 DAT 的聲音品質比較好，但是因為電台提供 MD 的播放設備，於是我也換成 HHB 的 MDP-500 的專業錄音機，這是我最早使用的數位錄音機，最明顯的改變是錄音帶尺寸大小與更為靈巧方便的管理。這套機器陪我去錄過黑潮的聲音，錄過台灣漁民的故事。

帶著濃濃海洋記憶的這台錄音機，後來卻被小偷從我書房搬走，我從監視器畫面看到兩位年輕男子破壞我家那老舊的大門鎖，不疾不徐地把我最值錢的家當——那台 HHB 錄音機、照相機、萊卡的望遠鏡一次搜刮殆盡，讓我損失慘重。他們知道那是一台專業級錄音機嗎？他們會聽見裡面那張 MD 嗎？他們懂得欣賞我在野外收錄的聲響嗎？看著那兩個竊賊揹著我的野外背包，還一副神色自若的模樣，真的讓人咬牙切齒。到底這台錄音機流落何方？買走它的人會拿去錄什麼聲音？這個新的買主可知道有一個錄音師一直默默懷念著它？

文武兼修，野地錄音師的追尋

拿走了我的錄音機，對我來說，真是一次慘痛的打擊，但是錄音歲月並未因此終止。幾年後，台灣整體的錄音環境朝數位發展，我的錄音機也改成用 CF 卡錄音的器材，這台 Sound Device702 的數位錄音機，幾乎是目前全世界野地錄音師的首選，即使在天寒地凍的極地錄音也不會當機。剛開始使用時，我發現它跟我過去所用的錄音機全然不同，就像是我開了一部高級跑車，但是我的駕駛技術與專業知識遠遠配不上如此高檔的性能與裝備。

如何在野地錄好聲音，成了我重新學習的課題。台灣的野地錄音工作者的作品，有時會收錄在國家公園或林務局的出版品中，這類聲音著重辨識的功能，包括

1
2 | 3

1 這是我最早自己手繪、設計的「自然筆記」
　宣傳海報。
2 早期錄音是用盤帶剪接。
3 我在野地習慣用指向性麥克風，比較機動。

鳥、蛙、蟬、蟲，大體上你都可以找到一些相關的解說與記錄內容。另一些野地錄音作品，則是作為音樂的搭襯來呈現。大部分的聽眾比較少有機會單純從野地的自然本質來聆聽賞析，也不明白錄音師怎麼收錄這樣的聲音。基本上，錄音工作——不論是錄交響樂、合唱團，甚至野外的蟲鳴鳥叫——都是非常專業的錄音工程技術。但是對野地錄音師來說，除了要具備很好的器材設備、錄音工程專業知識、獨特的美學品味，還要有很好的體力與耐力。

我想只要在野外錄過音的人都能體會那份艱辛，既貴又重的器材，遙遠的山路、無窮無盡的等待……，若是有機會看到那些趴在土裡、爬到樹上、躲在灌叢中一動也不動的錄音師，你就明白野地錄音需要獨特的人格特質。更何況所有野地的歌手，都不會聽從你的指揮，任何完美的鳴唱聲都必須配合機緣與等待，錄音師跋涉千山萬水去追尋音律，若沒有足夠的信仰與對美的痴迷，是不會走上此途的。

台灣野地錄音應該逐漸朝下一個階段進行，過去我們總覺得聲音是一個被視覺淘汰的過氣產業，我們對於聲音的想像，除了流行音樂，並沒有太多創作的空間。而越來越多的野地錄音師，開始用他們新的美學觀點，設計出有別於視覺所帶來的動人饗宴，在那些聲音的展演中，所有的細節與想像需要被重新認識與建構，你會發現那一幕幕大自然的情境，竟然道盡了田野中的優雅、哀傷、歡愉，就像是一首首讓人感動傷懷，又意味深遠的歌曲。

聲景對照，細聽時空的話語

野地錄音最重要的挑戰，就是呈現錄音師別出心裁的創意與視野。我曾經聽過一部有聲書作品《險境之聲》（*Sounds from Dangerous Places*），作者彼得・庫山克（Peter Cusack）透過聲音，讓我們來到那些「險境」現場，像是歷經核能外洩、戰爭蹂躪，或是嚴重環境汙染的土地上，在各種聲音的鋪陳中，去挖掘那不為人知的情節。其中一處就是受到核災汙染的車諾比電廠附近，原本的土地因為

人類的撤退，居然給了自然修復與茁壯的機會，使得這裡成為野生動物最繽紛的地區，這樣的結果讓人驚訝，同時也給了「險境」不同角度的詮釋。

而近年來，我也在嘗試透過不同時間的比對，來凸顯聲景錄音可以對環境監測帶來的意義。尤其是我拿出當年的錄音檔案，歷經十七年之後重回舊地再度收錄聆聽，居然可以感受到時空的變化。

台北市承德路七段四〇一巷就是其中一個例子。這裡是賞鳥人口中所稱的「大同電子前的賞鳥路線」，介紹我這條路線的人是台北鳥會的創會理事長郭達仁先生。一九九七年我第一次採訪他時，認識了這條在他心目中最美好的自然小徑，這條路可一直走到關渡宮，大概有五公里長，過去十幾年來他跟一群鳥會的夥伴都最愛來此賞鳥，沿著基隆河支流的沿岸，有讓他們難以忘懷的田園景致。後來郭先生於二〇〇九年因病過世，據說他辭世前不久還重遊此地。當初因為郭達仁，我開始來這裡錄鳥音，後來沒有多久，在台北鳥會義工的遊說與催生下，於二〇〇〇年陳水扁當市長期間，以高價徵收土地，保護起這片五十七公頃的溼地平原。而一切夢想的完成，我相信這條「大同電子前的賞鳥路線」，無疑就是點燃那群鳥會義工熱情的引信。

二〇一三年我重回舊地，發現原本的地標大同公司的大招牌已經卸下，取而代之的是富邦人壽的看板，原本的路線在前半段已被洲美快速道路從中橫跨，從我的麥克風傳來的都是低頻的車流聲，還有那些喜歡在高架橋下築巢的八哥聲響，以及四處施工的噪音，後面過了八仙里之後雖然風景美麗依舊，但是原本的賞鳥步道變成一條腳踏車道，呼嘯來去的鐵馬，反應了現代人追求的速度感，我總想起的當年那群賞鳥人的身影，似乎已被騎車奔馳的人潮所淹沒。🎧[20]

我把一九九七年的聲音跟二〇一三年的聲音相互比對，發現了一個很重要的現象，就是那群在田園河畔出沒的飛羽，唯有透過舒緩的節奏與寧靜的旋律，才能

讓人心平氣和地端詳與欣賞。原來聲音不單純是背景，而是牽動我們內心深處的力量來源。

當我更深度看待野地錄音工作時，我也開始搜尋新的錄音後製軟體，希望能建置自己的工作平台，沒想到這個想法，卻把我自己推向另一個新的戰場。

時空變了，儘管景色依舊舒緩迷人，過往「聲音」恐怕早已不復聽聞。

□

音樂夢工廠

在心靈貧瘠的紛亂世界
中，我們的確需要音樂，
但是也許不是那些可輕易
大量複製的速食商品，而
是找回更多與人性、與生
命鏈結的觀點與感動。

入夜後，川流不息的車潮，讓走在和平東路上的所有行人都感受到一種巨大的壓迫。我脫離渾濁的聲場，鑽進街角建築物匆匆趕赴四樓，衝進一間錄音後製作的大教室，裡面放著各種看起來很酷的設備，比如多軌的錄音設備、電腦、鍵盤、大螢幕……

這是一間音樂夢工廠，四周透明的帷幕玻璃，讓外面走動的人可隨時向內參觀，像是某種展示室。老實說，在錄音室工作多年，要重新學習一套新的電腦軟體，最辛苦的不是工程技術，也不是音樂素養、而是我那搞不定的老花眼，因為老師在前面每做一步驟，我就得在自己電腦上演練一次，兩副眼鏡戴上換下，受盡折騰，而且常常跟不上課程的節奏與速度，非常挫折。

老學生重新拜師學藝

當然，來上課的人都懷抱著不一樣的音樂夢想。我是班上最老的學生，就連老師都比我年輕。為了要管理我自己的錄音檔案，我希望能在家裡設置一個工作平台，於是拜師學習這套 Pro Tool 101 電腦錄音軟體。我的老師是一位留著長髮、穿著美式風格的馬尾男──他就是非常專業的聲音工程師 Frank 鄭，鄭旭志。

鄭旭志畢業於波士頓的伯克利（Berklee）音樂學院，主修音樂製作與工程，曾經替國內無數電影電視負責音樂與聲音後製工作，實務經驗非常豐富。但是要搞定這麼多不同背景的學生，他算是很有耐心的老師，尤其碰到我這個既是「長者」，又對蘋果軟體與鍵盤不熟悉的生手，很感謝他不厭其煩的傳授與指導。

從田野錄音回到錄音工程，我又回到聲音裁縫的階段。這套最新的電腦軟體讓我很驚訝的是，它具有的強大功能，能讓你只需要動幾根手指頭，就可以指揮各種樂器，把五音不全的歌手音色，調整為絕世美聲，還可隨興創作，讓電腦幫你寫譜。

好幾次我們的功課，就是拿一首流行音樂來分析它的曲式。我比較少聽流行音樂，但是幾首曲子分析下來，發現有一些基本的模式，我甚至可以拿現成的架構來套用，再做一點調整改變，就像是拿別人的文章來剪剪貼貼，很快就可以「創作」成另一首曲子。

流行音樂，往往反應了當代的生活樣貌與情感表達，有了這樣的工具，顯然降低了進入流行音樂創作的門檻，但是對這個時代的聆聽會帶來什麼樣的影響？究竟是誰來貢獻我們大部分的人所聆聽的旋律？要了解這個問題，我想起了一位昔日同窗。

曲折多彎的音樂之路

袁述中是我的幼稚園同學，真正的「老朋友」，幾年前我們才在臉書上相認，我看到他經常分享各種跟著蘇打綠在各地巡迴的演唱會照片，知道他多年來在台灣的唱片界工作，很想聽聽他如何走出一條自己的音樂之路。

1 ｜ 2 ｜ 3

1 袁述中是我幼稚園的老同學。
2 鄭旭志老師正在教導如何使用
　Pro Tool 軟體。
3 後製錄音都已經「數位」化了。

好不容易等到述中的空檔，跟他約在工作室見面。「如果妳以後 Pro Tool 有什麼問題，就直接問我好了。我算是台灣最早一代開始使用這套錄音軟體的人。」述中一面介紹他的專業設備，一面頗為自豪地對我說。雖然我們曾經是同學，但是從來沒有機會深談。述中告訴我，他喜歡音樂的種子，從國中時代就已經萌發，打從一開始聽民歌，他就注意到歌曲背後的配樂伴奏方式，然而他就像我，像那個年代無數的孩子一樣，被升學主義逼著向前走，一路考上建中、成大地球科學系，幸好後來參與樂團，越來越確定自己的喜好。好不容易熬到畢業，終於回頭去尋找他的最愛──音樂。

述中說，最初他因機緣認識了台灣著名的音樂製作人楊明煌，透過他的協助，應徵了幾家唱片公司，雖然對音樂事業懷抱憧憬，但是畢竟所學非用，所有的面談都石沉大海。民國八十一年，因為一家新成立的唱片公司「超音波」需要人手，述中就從一萬二的工資入行，由幫忙送快遞和處理雜事的學徒開始，從頭接受所有嚴格的錄音製作訓練，但是他一點也不以為苦，反而樂在其中。

當時台灣的唱片界雖然已進入半類比的時代，但是還在用大盤帶錄音，不像現在運用電腦軟體，就可以輕易修剪。以當時的設備，錄不好就得全部重來，增加製作成本，所以相對來說，對歌手音樂技巧的要求就比較高。

不過，流行音樂畢竟是迎合商業市場的產物，唱片公司用心包裝一張唱片、一位歌手，能不能賺錢還是主要的考量。而整個音樂製作也像是一套制式的生產線，從詞曲創作、編曲、混音，大家都是分頭作業，不需要見到彼此，只要以電腦傳送檔案就可以完成，要說在製作一首曲子的過程會帶來什麼情緒激盪，恐怕是過度浪漫的想像。

自然孕育的絕妙音場

但是述中也提到了他多年來最難忘的一次工作經驗，就是幫林生祥錄製《臨暗》這張專輯。他說，那次錄音並不是在專業的錄音間，而是借了淡江大學一個小小的演奏廳，所有狀態都是非常克難的。整個錄音過程中，林生祥自己邊彈著吉他邊唱，旁邊還有口琴手、貝斯手、三弦手、琵琶手一起演奏。編制雖然簡單，但是他聽到的是彼此之間的默契，一種情緒的融合與交流，甚至有人彈錯，陪著重新來過的體貼；那樣相互配合的過程，反而讓述中找回一份對音樂的真實感動。

原來音樂要動人，除了技巧，還有那溢於旋律的人性展現與真摯情感的流露。據說這張專輯的編曲過程，是在蟬鳴鳥囀的山坡林中，有著大冠鷲盤旋嘯鳴的三合院裡完成的。自然環境帶來了音樂創作的能量，那是躲在有空調的錄音間所沒有的力道。

這讓我想到美國人類學家菲爾得（Steven Feld），針對巴布亞新幾內亞海拔二千五百公尺波沙維山麓（Bosavi Mt.）的 Kaluli 族所做的田野調查，讓我們聽見了這群生活在原始熱帶雨林中，人口只有一千二百人的少數族群，如何透過音

樂，展現他們與自然環境的深刻鏈結，大自然中的蟲鳴鳥語，甚至風聲水聲都融合成他們多樣豐富的音樂文化，大自然在 Kaluli 人的耳裡都是音樂，那是超越任何多軌錄音間所能創造的絕妙音場。

我從菲爾得收錄的聲音中，不僅聽到聲音繁複多樣的雨林現場，還聽到 Kaluli 人獨特的唱腔與自然音律相互搭襯的動人展現。根據人類學家的研究，同樣創作的音樂深受環境聲景影響的族群，還包括在巴西亞馬遜河畔的 Suya 族，馬來西亞的少數民族 Temiar 族，通常這些原始民族因為跟外來文明接觸較晚，還保留很多在地的創作元素，特別是從環境中豐富的動物聲音去取材。

很有趣的是，在 Kaluli 人的解釋中，水是創造歌的元素。水聲四處匯集，在不同的地理環境創造獨特的聲響，所有歌曲都在其中相互震盪迴唱著。因此「創作一首歌」就如同「讓瀑布灌注在你頭上」。所有 Kaluli 人喜歡接近水，坐在小溪畔經常能帶給他們創作的靈感。🎧[21]

讀到這些人類學的研究讓我深受震撼，原來我們失去了雨林，竟是失去那無數動人的音樂現場，與各種難以重現的偉大作品，與更多失落的創作心靈。我慢慢理解到，無論我們擁有了多麼先進的科技工具，更重要的，是不能失去對音樂最原初的感受力與創造力。

在心靈貧瘠的紛亂世界中，我們的確需要音樂，但是也許不是那些可輕易大量複製的速食商品，而是找回更多與人性、與生命鏈結的觀點與感動。

有歌自山來

如果要我選擇台灣版的
「一平方英寸的寂靜」，
大概就是這裡了。我想把
這裡當作一種聆聽教室，
一種學習傾聽、感受寂靜
的場域。

若不是因為要錄音，我絕對不會這麼早
起，當然，也絕對遇不上這樣的風景。
生命非常奇妙，你不知道你做了一個選
擇後，將要面對的是一連串的「邀請」。
雖然從來沒有人要求我做這些事，更沒
有人拿著錢僱我去行使指令，這是一個
沒有前例可循的夢想，我得不斷地說服
別人，想辦法拿出證明……，但是當我
來到山上時，我甚至有一種感覺，它們
似乎早就知道我的到來。遠山霞雲飛瀑，
滿山野的玉山懸鉤子已經成熟，此般景
致招待，是如何精心的設計與布局，我
親臨其中，深受恩寵。

澎葉生（Yannick Dauby）走在前頭，他
人高腿長，對收錄大自然聲音有極高的
熱情，為了不成為他的負擔，我總是要
他先走，然後慢慢地跟隨在後，錄音工
作適合單打獨鬥，因此儘管我們結伴上
山，還是要儘量各自作業，我知道對藝
術家來說，保有自己的空間與獨立性，
尤為重要。

許願石燃起的夢想

澎葉生是位聲音藝術家，跟其他我所認
識的野地錄音師不同之處，在於他對大

1
———
2
———
3

1 鳥瞰翠峰湖。
2 為了完成「寂靜山
　徑」的夢想，我需要
　組成一個團隊。
3 我邀請澎葉生一起到
　太平山的步道錄音。

自然的音律，有著非常獨特的美學觀點與國際視野。在台灣，我們聽到的自然野地錄音，多數還是非常功能導向，或是當作情境音樂的陪襯。但是當我想要以推動保護「自然聲景」為目標時，我需要的是一個可以實驗的舞台，一項可以落實的行動，一群可以合作的夥伴。澎葉生跟我志同道合，我邀請他一起到太平山上的步道錄音，同時加入為推動「寂靜山徑」而努力的行列。

上山調查錄音只是一個起點，事實上，為了這個理想，我已經花了一年的時間來說服林務局。

時間要回溯到最源頭，這個夢想跟戈登・漢普頓有很密切的關係。二○一三年三月，當我那顆曾經在美國的霍河雨林，也就是戈登的「一平方英寸的寂靜」的據點待了兩個月的許願石，又被戈登寄回到我手中時，他曾經跟我說了一句話：「寂靜將會回家。」這句話，宣告了我的搶救寂靜的旅程，同時也在我的心中燃起了一把火。

戈登為了讓我充分了解這顆台灣的許願石在美國經歷的一切，他拍了很多照片以及影像，讓我彷彿跟著這顆石頭一起走進那片戈登心中的寂靜聖殿，我望著那片從未去過的森林，直覺卻十分熟悉。我想起民國一百年時，曾經幫林務局執行過一個專案，也就是以一年的時間，走訪台灣十二座國家森林遊樂區，除了寫書，同時錄音，我完成了一本《離家出走──一起去森林》的有聲書。由於這個工作經驗，我對森林遊樂區內的步道做了完整的調查，也因此當我看到「一平方英寸的寂靜」時，會聯想到太平山上的暖溫帶森林。

奧陶紀苔原，絕對遙遠的想像

我連絡到當年陪我在太平山上錄音的巡山員──賴伯書，我們在國家山毛櫸步道一起工作時，伯書表現的敬業與體貼讓我印象深刻。這條步道全長將近四公里，

風景優美，地勢大部分都很平坦。除了十一月會遇到大批遊客來此欣賞山毛櫸的黃葉秋色外，多數時間都很寂靜，鳥鳴聲非常豐富，而且乾淨。我跟伯書說，我想把這條步道劃定為「寂靜山徑」，保護這裡的大自然聲景，但究竟要怎麼做，我還在摸索。

伯書看了我提供的美國霍河雨林畫面後，他說：「范姐，我覺得太平山上還有一處更像你提的地方。」於是在他的帶領下，我來到翠峰湖畔。我記得十七歲時，參加了救國團的活動，從蘭陽溪河床走上山，足足花了六天時間，來到被雲霧環抱的翠峰湖，那種縹緲詩意讓正值少女情懷的我，沉醉不已。如今我年近半百，重回舊地，等待我的，卻是一個更夢幻又神祕的現場。

沿著環湖步道走，轉進岔路口，我們走上一個小山丘，原本開闊的視野逐漸被蓊鬱的森林覆蓋，底下的碎石步道變成了有防滑效果的鋼條枕木，顯示出這是一片非常潮溼的森林。

我毫無心理準備，就這樣走進了這稱作「奧陶紀苔原」的森林。但是在這片檜木林中，無論「奧陶紀」或「苔原」，都讓人十分困惑。「奧陶紀」（Ordovician）是非常古老的地質年代，接在寒武紀之後，為最古老的脊椎動物出現的起點，開始於四億九千萬年前，結束於四億三千八百萬年前。這根本是台灣島嶼還沒出生的年代，以此命名遠超過故事開場的太古蠻荒，這是一種絕對遙遠的想像，或許是因為這裡的森林讓人感覺到一種遺世獨立的古老。我想我不大可能在這裡找到三葉蟲或是鸚鵡螺的化石，但是我的許願石，卻把我引導到了這樣的現場，問題是，我該如何解讀下去。

聆聽教室，寧靜與美好的賞音體驗

伯書說，當初他看到戈登拍的照片時，就注意到一整片的苔蘚，那是暖溫帶雨林

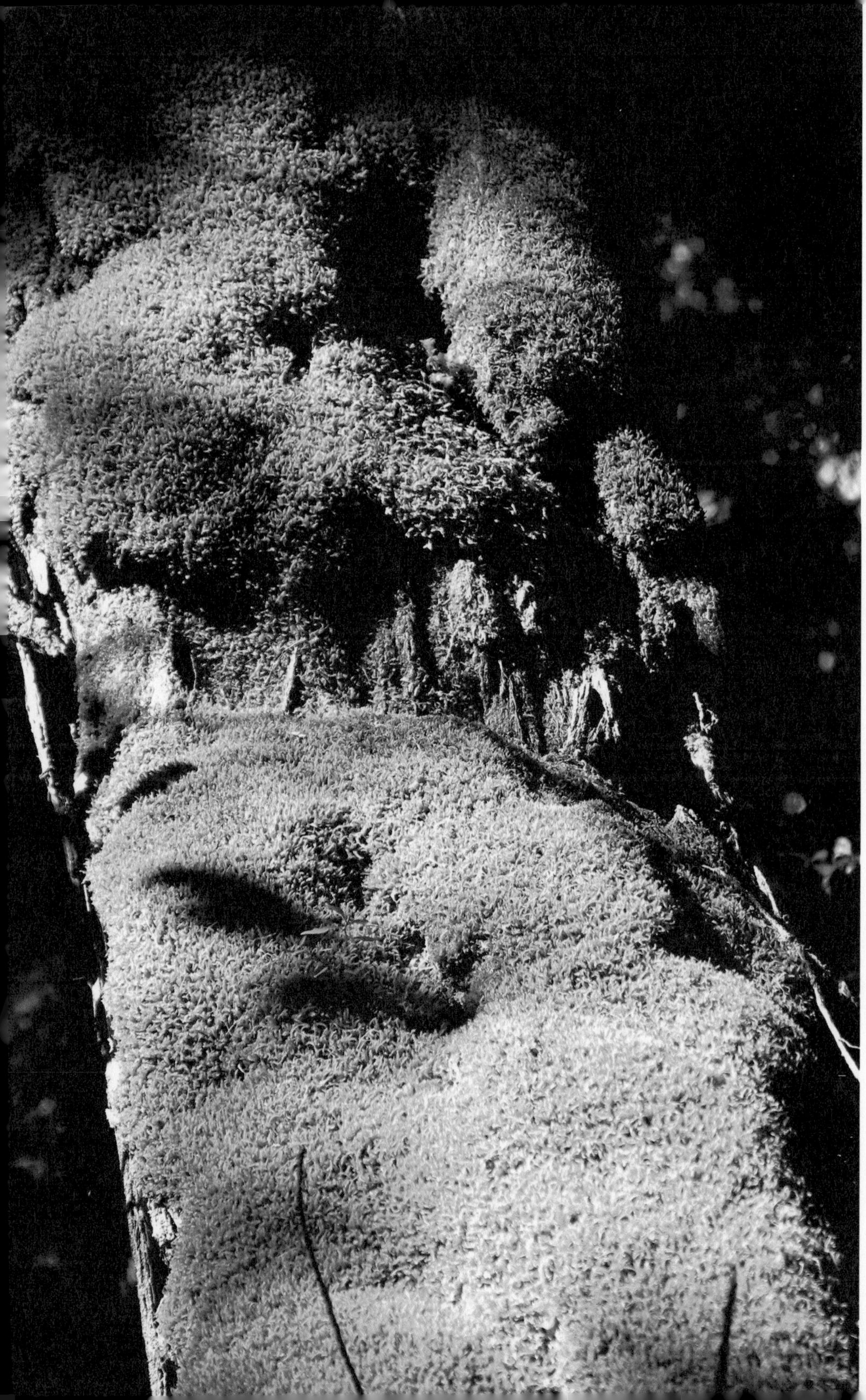

的典型特色，唯有在潮溼多雨的環境，才能造就這樣的景致。一如奧陶紀苔原，從樹幹到整片林地底層，都被各種苔蘚植物密實包覆著，這樣完整的苔蘚森林，我是第一次在台灣森林中看到。伯書說，當地人曾經採集過泥炭苔給園藝業者，主要是用來養蘭花。就我所知，它們可是日本庭院造景備受喜愛的素材，日本人認為庭院種有苔蘚，才能展現寧靜的氣韻。

這裡的苔蘚種類非常多樣，每一小聚落都可成為一片微型森林。這類植物就像是海綿一樣，可以吸收比自身重量還重二十五倍的水分，飽水性超強。但是它們不僅吸水，我懷疑它們也會吸音。這整片苔蘚讓我想起錄音間的隔音泡綿，從伯書帶我踏入這裡的那一刻起，我就感覺到一種難以形容的寂靜感，安靜到你彷彿聽見了耳鳴。

我跟伯書說，如果要我選擇台灣版的「一平方英寸的寂靜」，大概就是這裡了，因為這裡的氛圍會讓人想沉澱下來。有別於戈登的做法，我想要把這裡當作一種聆聽教室，一種學習傾聽、感受寂靜的場域，我相信，台灣森林遊樂區內，應該要保有幾條以聆聽「自然聲景」為主題的「寂靜山徑」，這些自然天籟可以成為保育的焦點、文化的資產，更重要的是，這是遊客的權利，他們來這裡遊樂、休憩、享受芬多精，他們也應該有機會感受不一樣的寧靜品質，或是更美好的賞音體驗。

我在腦海中醞釀起各種願景，並主動跟羅東林管處的林澔貞處長連絡，希望能跟她一談。二〇一三年五月，我第一次帶著我的許願石，來拜訪林處長，與她討論我尚未成熟的想法，也想探探路，看看這樣的夢想是否有走下去的可能，很感謝林處長非常有耐心地聆聽我的長篇大論，她並沒有澆熄我的熱情，但是希望我能給她比較明確的企劃內容，雖然沒有任何承諾，但是我大受鼓舞，知道這件事不能說說就算了，如果要持續下去，必須組成一個工作團隊。

就在同時，剛好長庚大學的余仁方教授主動來找我，他是聲場量測的專家，主要關心各種噪音對人體的傷害。他說，談噪音大家越聽越煩；而我關心的大自然悅音，則讓人越聽越有趣。同樣是關心聲音，他認為也許我們可以一起合作。我靈光乍現，心想如果把他在城市量測噪音的專業搬到自然步道上來做，會得出什麼樣的成果呢？我跟余老師討論，他也顯得興致盎然。於是，再加上澎葉生，我們的團隊儼然成形。

過去十幾年來的錄音經驗，我最熟悉的領域，主要都是來自生物聲學的研究。但是，我逐漸發現，我所要做的事情，是邀請大家用聽覺來欣賞大自然，關心大自然，除了要有科學的研究作基礎，「藝術」的思考與設計，絕對是核心的關鍵。

於是，我把計畫重新擬定，提交給羅東林管處。這次處長希望，我能把保護「寂靜山徑」的想法，跟他們目前希望推動的「森林療癒」相結合。

與志同道合的夥伴一起上路

我想起之前訪問的日本東京農業大學上原巖教授，他在著作《療癒之森》中寫到：「人類親近森林會獲得健康，在綠意盎然的森林中，傾聽自然的聲音，心靈與身體將豁然痊癒。」但是如何讓人透過我所定義的「寂靜山徑」來獲得所謂的「療癒」，這是一個全新的思考，有無限的創意可能，卻也充滿了挑戰。

眼前的考驗是，無論我把夢編得多大，必須要有籌碼來執行。但是現階段我根本找不到資源，而羅東林管處同意支援我們三個月在山上調查的住宿安排，至於研究經費，我們得自己張羅。我跟澎葉生、余老師商量，希望他們願意先跟我上山調查一段時間，看看到底我們可以蒐集到什麼樣的資料，又能做出什麼樣的成果來證明一切。我非常了解要投身到一個創新的版圖裡，首先可能需要自我投資，等經營出一些格局之後，別人才會願意進一步支持你。讓我很感動的是，澎葉生

1
—
2

1 我的許願石把我帶到太平山上。
2 苔蘚細看像是微型森林。

跟余老師仍然願意跟我一起為這個夢想而努力。

二〇一四年六月，我們展開了第一次的現地調查與錄音，更開心的是，伯書也加入團隊，當然，他見證了這個夢想的起點，絕對是最重要的成員。

我們花了三天的時間，以太平山莊後方的原始森林，翠峰湖周圍與奧陶紀苔原，以及國家山毛櫸步道做為調查樣區。余老師實驗室來了三個人，在他們精密儀器的測量下，我們發現奧陶紀苔原居然只有 24 分貝，簡直就像是無響室的狀態，而且這裡的清晨，鳥類只會在樹冠層鳴叫，不太進入到森林中下層。而其他地區，清晨的山林鳥語豐富悅耳，我跟澎葉生錄得開心。只是許多遊客仍會造成一些環境的噪音，甚至有些團體會用擴音喇叭來進行導覽，如果有機會讓這裡成為「寂靜山徑」，這樣的行為都可能必須修正。當然，如何讓我們的調查研究成為未來規劃的基礎，甚至訓練一批聲景保育員一同來參與解說……，雖然這是一條漫漫長路，我始終懷抱著信念，至少行動已經上路了。🎧 22

我非常期待有一天能邀請戈登來到太平山上，一起欣賞我們這趟傳奇的石頭之旅。事實上，保護「自然聲景」，在戈登這群先驅人物的倡議下，已成為美國國家公園正在努力的方向，包括對噪音的管理，提供遊客更多欣賞自然天籟的導覽資訊，把自然聲景納入森林資源的管理，不論從生態面、環境面、藝術面……都呈現了更深度的論述風貌。我期待以太平山為起點，未來不論是森林遊樂區、國家公園……甚至回到我們居住的城市，都應該從這個層面來進行規劃與保護。

重點是，當我們能回到自然中學習聆聽，欣賞寂靜，我們將會打開這個感官，讓自己更貼近真實，並願意為這樣的真實而改變自己。對我來說，要去成就一個理念與想法，必須以全新的姿態迎接面對。不過，我很清楚，那是超越激烈抗議的優雅出手，同時是混沌人世中的清晰應許，似乎多年的準備就要在此出發，儘管前方霧氣蒸騰，我卻清楚聽到從「寂靜山徑」傳來的美麗歌聲。

□

冉起一朵清靜

我忽然明白，那沉吟在心底
的小小召喚，正如高曼提
出第七大聲音療法的祕密，
用著輕柔的聲響提醒著我：
「聲音可以改變世界。」

我坐在第三排，那台豎琴幾乎就在我的正前方。當薩米耶‧狄—梅特斯（Xavier de Maistre）一出場，優雅自信的姿態立刻引爆掌聲。但是，當他開始演奏葛利耶爾（Reinhold Glière）的降 E 大調豎琴協奏曲時，全場立刻屏息凝神，當一樂章還沒有結束，我早已熱淚盈眶。撥弄的琴弦，掀起我滿心的洶湧情緒，時而如波濤起伏，時而如拂面微風，浪漫古典的旋律，透過豎琴這種充滿靈性的樂器展演，令人聽得如痴如醉。

難怪有人說，豎琴非常具有療癒效果。我不知道自己是否被療癒，但是絕對有更多的情感被解放。音樂之所以可視為一種治療的方式，其實早有各種門派學說，一般都可以理解，許多音樂有助於我們放鬆、鎮定、專注，甚至可以幫助我們走過心緒低潮，引導出內在的力量。

很多年前，我在爸爸生日的時候，曾經送給他一套可以「養生」的音樂。這的確是很具有賣點的行銷包裝，是否真有功效我不得而知，但是它是以中國的五聲音階，來展現所謂的五行概念，藉由聲波的震動，調理我們的五臟六腑。這些宣稱具有療效的音樂，不見得是編制偉大的作品，有些僅是簡單的哼唱，或是一些單純的音符，都能觸動心弦，或得以撫慰潛藏的傷痛。

發聲，與內在自我共振

其實過去醫學不發達的時代，一些巫師會藉由人聲或是一些法器敲擊來協助治療。但是我第一次了解原來透過自己的聲音，可以跟內在自我產生共振，是在上瑜伽課時。有時候，老師會帶我們唱一段梵歌，表達內心的喜悅、祝福、平安；同時也告訴我們如何發出某些聲音，來跟身體七個脈輪的區域產生共鳴，這就像是調音校正一樣，因為我相信，身處在噪音的世界，我們身體的頻率應該都已經紊亂失調，喧囂是唯一音階，不耐是唯一的情緒。只是沒想到透過自我的發聲，可以試著跟宇宙中小小的自己接軌，我閉目凝神，在層層聲波的漩渦裡，尋找到

一朵清靜，讓它從我心底冉冉升起。

究竟聲音怎麼改變了我們？聆聽自然的聲景，又能帶來什麼樣的療效？

我想到最近接觸的大衛鄧恩（David Dunn）的作品，他是美國非常著名的聲音藝術家，深刻關注在自然界中所謂的音樂或是具有音樂性的聲響，並提出各種獨特的觀點與辯證。他懂生物、懂音樂，更是感官的探險家，最讓我佩服的，是他對於那些我們習以為常的聲景，提出極為有趣的聯想與引導，他所描繪的森林風景，有如我們在子宮中傾聽母體的經驗，潺潺溪流來自母親血液與胃液的翻攪，媽媽說話的聲音，就像是昆蟲的鳴唱，她的吞嚥聲，就像是遠方傳來的鳴雷。同時，我們躲在母親的羊水中，隨著她的呼吸，一如在海洋上感受那潮來潮往的節奏。

這樣的描述，彷彿側耳貼近沙灘上的彩貝，那所有的祕密，都已經被記錄在這神奇的密室中。原來傾聽自然，只是重回我們跟這個世界鏈結的最初記憶。

從人類的生長步驟來看，十六週大的胎兒在母親肚子裡已經開始發展聽力了，這就是為什麼有人會提倡要讓胎兒聽莫札特的音樂，因為不論從內到外，這個世界的聲音，正在潛移默化著那小小的生靈。然而視力是要等到人類出生後，才逐漸發展的感官。所以聽覺是人類探索世界的起點，但是我們卻用視覺來取代一切，如果一個人沒有意識到這些聲音的影響力，我相信，他無法獲得內心真正的自由。

尋覓聲音的療癒配方

當然，感官荒蕪久了，對許多聲音早已無法體會，再多大籟美聲，也無福消受。然而，傾聽自然並不是只有美學的層次，還有可能帶來療癒效果，關於這一點，我又能找到什麼樣的科學根據？

有一位法國的耳鼻喉科醫生托瑪提斯（Tomatix），發現本篤會修道院的修士在吟唱葛利果聖歌時，這些高頻的聲音（大概 8,000 赫茲）能為修士的中樞神經系統及大腦皮質充電。大腦本身是電力器官，能將電訊由一個神經元傳給另一個。根據他的研究，頭顱的所有神經都連結到耳朵，耳朵也連結到迷走神經（vagus nerve），這是人的腦神經中最長和分布範圍最廣的一組神經，會影響我們的呼吸、心跳與消化，也就是說如果我們經由適當的聲音刺激，的確會造成身體的相關反應，甚至帶來療效。🎧 23

但是這並不意味著高頻的聲音都受到歡迎，因為同樣的頻率，有許多人是無法承受的。

余仁方教授是長庚大學醫療機電所的副教授，也是耳科學實驗室的負責人。他的專業領域是聽覺照顧，以及預防聽損的研究。我第一次見到他，是因為我們一起參加了「減噪取靜」工作坊，余老師經常協助環保署承接噪音場的量測，也曾經錄製人的打呼聲音，來協助耳鼻喉科進行診斷，我決定去拜訪這位從工程領域關注聽覺的耳科學專家。

「我們發現，許多人對於 8,000 赫茲的高頻聲音是無法忍受的。」為了要了解人對聽力的感受，余教授顯然做了許多相關的實驗。在他的實驗室中，我第一次看到所謂的無響室。這是針對環境聲場量測與研究所需要的實驗設備，它的內壁全都安裝了層層疊疊的模板，聲波在這裡是被消除的狀態，我覺得那是一種很怪異的寂靜，如果你在裡面講話，能聽見的大概只有透過你自己的身體所傳回來的聲響吧。

不過，這種經驗也不陌生，就算我們身處在喧譁中，有時也會遇見話不投緣的窘境，甚至你的熱情卻遭別人冷漠以對時，你都會覺得自己正處在無響室內。

相對於這樣的無聲，另外有種稱作殘響的反差設計，置身在那樣的空間中，你會明白什麼是「餘音裊裊，三日不絕」。雖然這些實驗室都是應用在一些機電工程、通訊還有建築材料的測試，置身在那樣的空間中，我也獲得另一層次的領悟，那就是：如果一句話說出來被過度著墨時，有時也會模糊了最初的焦點。

身為聽覺專家，余仁方可以掌握很精確的聲音量測。他曾針對打靶訓練造成的聽力傷害、以及洗牙機對牙醫師聽力受損的現象進行研究。噪音防制是他努力倡議的主題，他寫了一本教導大家如何避免噪音傷害聽覺的書，但是這些年來，他也試圖尋找聲音的療癒配方，並針對個案進行調配。

為了要了解人類對聲音所產生的情緒反應，余仁方透過膚電反應與核磁共振的方式，來尋找聲音從左耳或是右耳的路徑，在左腦或是右腦所帶來的變化。「我們想知道不同的聲音劑量，在不同的症狀下，可以有什麼樣的療效。」余仁方的聲音療癒，就像是西藥研發的過程，應用科學的方式來尋找藥方，這樣的研究令人期待，當然也必須禁得起各種考驗。

透過寧靜找到力量

不知道是否因為懂得聆聽，無形中自己的聲音也會變得柔和平穩？所謂「觀其人，聽其聲」，我相信一個大聲公是很難喜歡寧靜的，聽余老師講話時，自然覺得多了一份安定與信任，這當中固然有專業背景的因素，也與他先天的人格特質有關。我想起一位美國聲音治療師強納森‧高曼（Jonathan Goldman）所說的話，他相信，頻率要加上心念，才會產生療癒。

高曼曾經寫過《聲音療法的七大祕密》（*The 7 Secrets of Sound Healing*）一書，他強調共鳴與心念的重要，也提到「寂靜是金」，他認為能量不是聲量所能發揮的效果，真正的聲音道途是「透過寧靜」，這才是最重要的力量。

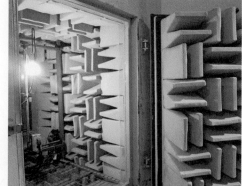

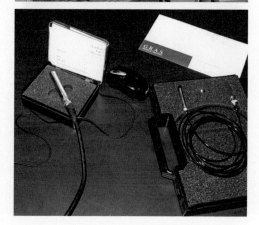

1 余仁方老師向我展
  示他的噪音分貝計。
2 這樣的設計是讓聲
  音無法反射，形成
  所謂的「無響室」。
3 各種錄音的麥克風。

再起一朵清靜

我不知道余老師的研究，是否能證明寂靜對人類大腦所產生的力量，但是我希望有一天那些帶給我寧靜的聲音，能透過他的科學分析，找到更多人體反應的證據，去說服更多的人，學習打開自己的耳朵去森林中聆聽天籟，而不只是去吸收芬多精，更重要的是，我們需要保護那樣的聲音場域，為一些身心困頓的人，提供自我修復，找回力量的機會。

我感受到有一些聲音在我內心隱隱浮現，或許十七年前當我開始走進自然，正是走上一段自我療癒的過程，以及為下一階段的自己儲備能量。

記得很多年前參與一個老樹巡禮的活動，最後老師要大家抱抱老樹，跟它道謝，並且仔細聆聽它的心跳聲，那是來自老樹，來自我內心的擁抱。而老樹的滄桑，老樹的智慧，老樹的氣魄，換來的正是一段充滿愛、尊重與感謝的音律。

我忽然明白，那沉吟在心底的小小召喚，正如高曼提出第七大聲音療法的祕密，用著輕柔的聲響提醒著我：「聲音可以改變世界。」

左圖／來自自然的聲響，常常都能觸動人的心弦。

繽紛耳界

□

自然聲景的
療癒密碼

自然元素「土、水、火、風、空」，正以奇妙的方式對我召喚，我期待能匯集更大的能量，把這樣的寂靜保護下來，讓這樣的感動，這樣的聆聽能夠持續下去……

有時候我會覺得，自己什麼都聽不見。曾經有位朋友說，他聽得見自己血液流動的聲音。也有人說過，自己聽得到蝴蝶振翅的聲音，我曾經蹲在那滿天彩蝶飛舞的蝴蝶谷中，豎起耳朵閉上雙眼，就是捕捉不到那樣的旋律。

但是感受不到，並不表示不存在，甚至我可能深深地受影響而不自覺。我承認自己不是天生對聲音極為靈敏的人，比如某些地震達人，總是比氣象局更早掌握到來自地心的訊息。但是我懂得解讀一些微弱的心聲，這算不算是具備了聆聽的天分呢？

不論如何，在這樣的幽徑中，我知道聲音不只是一種物理上的波動，而是一連串的密碼。

我連絡上許久沒有見面的如雯。余如雯是我大學同學，兩個學新聞的人，後來一位成為專業的瑜伽老師，另一位成為自然教育工作者，在某一方面來說，我們都是對生命敏感又有熱誠的人。

野地錄音的聲音療癒

「脈輪」（chakras），是我特地來拜訪

如雯的原因，我知道她在台中開了一門脈輪舞蹈課，有著眾多的學生粉絲。來之前，我先去聆聽了一場關於「音樂治療」的演講，我發現音樂治療（curing）跟聲音療癒（healing）有著不同的概念。音樂治療比較著重個案的分析觀察，配合傳統的心理學來進行病症的改善與處理。而聲音療癒比較屬於能量療法，一些較靈性的直覺或是古老的脈輪系統與理論，也被視為療癒的工具。而所謂的療癒，並非單純的「藥到病除」，而是讓人產生更正面更健康的思想與信念。

其實，從野地錄音的經驗中，我經常感受到被深深的療癒。記得幾年前，我非常喜歡去陽明山的夢幻湖畔錄音，教育電台七星山發射站就在旁邊，因為製作「自然筆記」的節目，我經常借住在那裡。可以在湖畔從清晨錄到深夜，細細品味其中聲景的變化，那些夜間的蟲鳴蛙叫，還有樹林傳來的領角鴞都讓我心馳神往，甚至清晨的蟬聲環繞、繽紛鳥語……對我來說都是最動人的饗宴，我可以不吃不喝在野地聆聽這樣的「寂靜」好幾個小時，那樣的滿足一般人恐怕很難體會。每回全神投入的結果是，身體非常疲憊痠痛，脾胃飢餓虛脫，但是滿心喜悅，覺得人生豐足美好。

根據我的觀察，很多人來到夢幻湖畔，就是拍拍照留影，但是也看過很多人會來此進行一些特定「法事」。大自然對人的療癒是多方面的，有人透過「視覺」、有人是能感應到這裡的「磁場」、「靈性」，而我則是透過「聲音」。但是到底「聲音」怎樣療癒了我？有沒有機會讓這樣的力量也能療癒其他的人？所以當我在太平山上推動「寂靜山徑」計畫時，羅東林管處的林澔真處長要我思考如何把自然聲景跟森林療癒的主題結合時，也正好開啟我一個非常有趣的研究方向。

身體能量與自然元素的對話

如雯開車帶我到自然科學博物館附近的大草原上，昔日的青春已經離我們遠去，過去兩人很少討論到自然的領域，如今各自經歷了不同的人生風霜，卻能深度理

解彼此的感受。如雯說，脈輪是一種意識能量體，它雖有特定的位置，卻沒有特定的器官。通常在帶脈輪舞蹈時，她會把一些自然元素的概念放進來，比如最底層的海底輪，位於脊椎的底端，主要代表元素是「土」，是安全感的來源。接下來在肚臍與生殖器之間的是生殖輪，主要元素「水」，象徵創造力。再上來是臍輪，元素是「火」，反應內在的平衡感。然後心輪是「風」，代表著愛與同情。喉輪的元素是「空」，或稱「以太」（aether），主要是實踐夢想，活出生命意義……。關於「以太」一詞，我第一次遇上是在史蒂芬・霍金（Stephen Hawking）的著作《胡桃裡的宇宙》中讀到，原來這個元素的出處由來已久，十九世紀末的科學家想像我們的空間充滿著一種稱作「以太」的物質，作為傳送光的介質，這個說法曾被拋棄，但是如今也有人正熱烈討論，宇宙中的暗能、暗物質是否就是所謂的「以太」。無論如何，所謂的「空」，就是那些人類還摸不著頭緒，卻深深影響我們的重要元素。🎧[24]

大自然中的五大元素（土、水、火、風、空）是比較低層次的脈輪使用，而到了眉心輪與頂輪，則是超越物質世界，是一種更高元素，代表更深度的開悟。

根據中國最古老的物理學——「五行」學說，宇宙萬物生滅、陰陽變化，皆受五行運作所控制。這五行包括了「木、火、土、金、水」。五行相生相剋，從古至今，養生調息都得依其定律，似乎跟脈輪的說法頗為相似。

按照脈輪的理論，人類在發展過程中，每個脈輪都有各自的功課要修煉，然後把自己從一些負面情緒中慢慢釋放出來。比如海底輪主宰的是安全感，因此一些貪婪、慾望、憤怒、競爭都在滿足這樣的安全感。所以在脈輪舞蹈中，會透過比較沉穩的節奏讓肢體感受到那根植大地的力量。後來我在強納森・高曼（Jonathan Goldman）的書上讀到，這個脈輪可以透過發 Uh（類似注音符號的ㄜ）這種 256 赫茲的聲音進行調整，而且每一個脈輪都有其音頻，就像收音機要接收外來的訊號，得先調到特定的頻道位置，一旦對上後才有下文。

成為更敏銳的聲音捕手

其實在野地錄音時，除了仰賴錄音機麥克風之外，我自己也是一個接收器。而且當我聽得越多，那樣的反應越強烈，可能是因為我可以聽到那些差異，這部分與我大腦中的資料庫有關，就像是昆蟲學家或動物學家眼中的田野，就是比一般人來得更細緻豐富。

不過撇開認知的層面，要讓每一個人都能跟這樣的聲音接軌，就像收音機的好壞，得取決你是否有好的天線。而脈輪舞蹈就在幫助人開放自己，成為更敏銳的聲音捕手。

如雯脫下鞋子，在偌大的草地上跨足穩立，她用手機逐條播放一些所謂的脈輪音樂，並配合肢體來進行身體與心靈語言的引導。我看得新奇有趣，也跟著模仿比

1 | 2 | 3

1 時空凝結的水柱，有
　著「寂靜」的氣韻。
2 如雯示範脈輪舞蹈。
3 閉上眼睛，讓我們一
　同感受「寂靜」的療
　癒力量。

畫，當如雯在描述每個脈輪的特質時，我腦中突然靈光乍現，我想要把我在野地的錄音，當作開啟這些脈輪的「音樂」——那些在檜木樹洞中的寧靜聲場，或是大地上的鳴蟲蜩唱，不正是來自「土」的喚醒嗎？那段來自多望溪，或是在見晴步道所錄下的涓涓溪流聲，無論是活潑或是柔美，正好可以成為打開生殖輪的創作音樂。還有，那段我在國家山毛櫸步道的稜線收到的風聲，是否能成為觸動心輪的自由元素？

過去，我像是一隻穿梭在聲音世界的花蜂，耳中飽啜了音律的奇幻滋味，擺盪著恣意的舞步。如今我得像是一位巫師，在濃霧籠罩的沃野，編織著森林的祕語，讓音符羽翼能煽動起心靈的火苗，銷融那些困住情緒的框架，解放靈魂的淤藏怨懟，打開歡愉的頻道……，到底，我該怎麼做？在聲音療癒的聖殿中，我需要「祭司」，傳誦美與愛的祭司。

傾聽山林交付的功課

我的盼望很快有了答案，一如之前所有的應許。幾個星期後，我遇見了陽明山國家公園的解說員蕭淑碧，很多年前我曾經參加淑碧舉辦的活動，那次她邀請了美國自然教育家約瑟夫‧科內爾（Joseph Cornell）來台灣帶領環境教師研習，我在課程中學習靜坐冥想。科內爾深信：「要深入觀察與體會自然，必須時時保持心湖的清澈、平靜如鏡。」

淑碧多年來在環境教育的努力上，始終關注「寂靜」的主題，在我心中，她是一位天生的療癒師，跟她說話總是如沐春風，明亮喜悅。

淑碧說，「寧靜才能致遠」，寂靜是智慧的核心。我想起戈登·漢普頓在他的《一平方英寸的寂靜》這本書寫到：「寂靜滋養我們的本質，讓我們明白自己是誰。我們的心靈變得更樂於接納事物，耳朵變得更敏銳，我們更善於聆聽大自然的聲音，也更容易傾聽彼此的心聲。」我知道，要喚醒這樣的能力，必須先去感受自然中的寂靜。

我決定帶如雯跟淑碧上太平山，因為她們是最懂得這樣寂靜力量的人。為了讓這樣的療癒工作坊有更多後續的推動力，我連絡了羅東自然教育中心，希望他們能派專案教師參與，也約了環境資訊中心電子報的主編嘉紋同行，因為她是一路陪伴我走這趟寂靜之旅的小天使。同時也邀請緯創基金會的淑真一起上山，期待能獲得企業的認同與支持。當然，還有我的固定班底，羅東林管處的巡山員賴伯書。

二○一四年十二月十八日，「自然聲景療癒工作坊」的探勘之旅第一次成行。我萬萬沒想到，迎接我們的是如此充滿療癒力量的森林。一路上所有的植物枝條都凝結著霧淞奇觀，美麗得讓我屏息。而翠峰湖畔，此刻已經成為有如聖誕卡片上的銀色大地。所有的一切如夢似幻，人間仙境就在我眼前，我站在環山步道上，一股溫熱，傾瀉在眼框中的流波。

「土、水、火、風、空」這些自然的元素，正以奇妙的方式對我召喚，那是來自寂靜的力量。我想起過去這幾個月來，在湖畔來來去去，總是帶著不同的人現身，就在這樣的舞台上，一次又一次地描繪我心中的夢想，而此刻的我，雖沒有足夠的智慧預見未來，但是每次來到這裡，似乎都在經歷某種神祕的儀式，並認真傾聽山林交給我的功課。

我期待能匯集更大的能量，把這樣的寂靜保護下來，讓這樣的感動，這樣的聆聽能夠持續下去。正如如雯跟我說的，原來在森林中聆聽聲景，就是要「找回愛的能量」，原來這就是「療癒」的一切。

寂靜山徑

寂靜山徑

□

「蛻變」聲起

有沒有一種可能，我可以
組織一群人，提出更多的
倡議，讓生活在這片土地
上的人，能從聲音的角度
來關心環境，改變我們自
己，並且構築一套新的思
惟與哲學？

在人聲鼎沸的小公園中，孩子們怯生生地上台了。里長用麥克風跟大家介紹，這是社區自己組成的讀經班，連續練習了多年，今天這群孩子要來跟大家朗誦古詩。

「人閑桂花落，夜靜春山空，月出驚山鳥，時鳴春澗中。」

這原本是一首有如天籟般，書寫關於「寂靜」的超凡作品，沒想到我得在這樣的狀態下與它相遇，老實說，我真的覺得又窘又反諷。

公園裡的鬧劇

小朋友天真稚氣的童音，從樹蔭下斷斷續續傳進我耳朵，我大概是現場除了他們的父母之外，唯一認真傾聽的過客，如果不在這樣的場合中獻聲，這般意境原是美的，可惜現場所有的人都忙著大排長龍，或等著領取飲料點心，或玩敲打地鼠與彈鋼珠的電動遊戲機，那些聲響似乎熱切地想要填補所有的空隙……。這座公園平常非常清幽美麗，綠樹成林，鳥叫蟬鳴不絕。但是每到端午與中秋的前夕，它原本的優雅氣質就被迫淪喪到谷底。

議員們紛紛趕來握手致意，助理們背著大包小包忙著發傳單。就在小朋友表演快結束之前，後面居然揚起了電子合成音效，配合著激昂的旋律，一名女人衝上台拿起麥克風喊著：「小朋友唸得好不好？來，讓我們以熱烈掌聲鼓勵一下……」台下沒人領會，因為手上塞滿廣告紙、氣球跟香腸，實在力不從心。接下來，輪到議員們「雜耍」的時間，他們飆歌吶喊，似乎正在進行某種著魔的儀式，可憐的老百姓得奉上自己的聽力，當作這場鬧劇的祭品，更悲慘的是，我們還要把自己鍛鍊成「無感」，才能讓自己在這樣的折磨中繼續存活下來。

「真是夠了……」我聽見自己的抗議。我追問自己：「難道沒有其他的選擇？」我想起那句禪語：「是故內外一緣起，依悅如意寂靜處」，寂靜具有很高的哲學

意涵，感官中的聽覺也比視覺更為抽象，或許身為一位經常在山林中行走的人，我可以透過自己的修煉，「安住在自身的清淨中」，但是這絕對不會是我撰寫此書的目的。我相信生命因挫折而成長，世界也可以由噪音的喧囂與困頓中，獲得一種新的提升與改造。

各種面向的聲音課題

我很清楚，如果要讓一切開始改變，必須從聲音的教育著手。走過這麼多地方，遇見這麼多人，彷彿有股能量在逐漸匯集，走在人潮川流的街頭，望著那些來來去去的面容，漠然的表情，我心中隱隱浮現了一種聲音──或許我可以組織一群人，提出更多的倡議，讓生活在這片土地上的人，能從聲音的角度來關心環境，改變我們自己，並且全盤構築一套新的思惟與哲學。

每次逢年過節，都是製造巨大聲響的時候，我們自稱是一個喜歡「熱鬧」的民族，但這些年來我深深感受到那份熱鬧後面的寂寞，以及無知所帶來的傷害，我們需要的是好好的從聲音的角度，去認識我們身處的世界，學會多一些聆聽，多感受一些關於存在的主題，這是一種從外到內的態度。🎧 25

長久以來，我們總覺得「眼見為憑」，多數人並不信賴自己的聽力，也放棄了自己的主導性。聲音是被遺忘的主題，但是又有太多方向值得關注。從環境面，我思考的問題是，自然聲景對保護自然生態究竟有什麼樣的好處？如何從聲景來理解環境的變遷？從生活藝術面，我想問的是，如何在我們的生活中保留一片可以修復自己，療癒心靈的自然聲景？我們能不能有一套「傾聽自然」的美學態度？從公共衛生面，我想知道的是，到底我們的身體對自然聲景的反應如何？種種問題都有待更多的研究與討論。

我不知道自己究竟能不能找到答案，但是我知道我最大的能耐就是「堅持」。這

麼多年來，我拿起麥克風記錄這片土地的聲音，從來沒想過，這條路就這麼一直走下去，許多人常常問我，怎麼還有這麼多題目可做？節目經營了這麼久，妳不累嗎？老實說，我也曾經歷過低潮與挫折，尤其身為一位獨立製作人，沒有固定收入，花了心血的付出，過程總是寂寞又孤獨。但是奇妙的是，我的生命經常都會遇上加油站，總會有一個機緣，讓我的熱忱與使命能持續下去。

邂逅生命的曼陀羅

我還記得，當戈登・漢普頓邀請我把一顆石頭寄到美國時，我就知道將會有故事發生，那是一種非常快樂的觸動，一種「再對也不過」的感覺，我不知道這種興奮從何而來，彷彿我很早就明白自己將會經歷後來的這一切。

或許正因為自己的天真與傻氣，才讓人生充滿冒險的樂趣，並得到許多意外的收穫。

我想起兒時的一段故事，大約是在小學三年級的時候，因為住在台北的邊境，住家附近都是稻田，小孩子都喜歡在巷弄間玩球，但是球一旦飛過界，落入到田中，往往就再也拿不回來，因為守著這片田的農夫非常兇，小朋友都很怕他。農夫為了保護農作物，祭出他的禁令：「球入田中，概不退還」。很快地，所有小朋友的球都被沒收了，也包括我家的。有一天哥哥跟朋友在樓梯間抱怨說沒球可玩，我不知道哪裡來的勇氣，居然趁所有人不注意的時候，跑去田中找農夫理論，當時他正在田裡插秧，我在他背後用台語說：「我家的球被你拿走了」。農夫回頭看了我一眼，不吭聲地站起來，我跟著他的屁股走，沿途他還撿到一顆棒球，對我說：「拿去！」我傻乎乎地接下這顆泥巴球，繼續跟著他回家，才發現農夫自己也有孩子，他們都好奇地看著我。

接著，我來到三合院後面的屋簷下，發現了一整排球，大大小小，各種尺寸顏色都有，我很快就找到自己家的球，還順便拿了鄰居家哥哥的球，然後拔腿跑回

因為天生的傻氣與天真，我似乎
多了一些敢於冒險的「勇氣」。

家，我忘了自己到底有沒有跟農夫道謝，或是農夫的反應是什麼。但是我很清楚
記得，自己把球送到哥哥跟他同伴的手中時，他們臉上驚訝的表情。

這種充滿傻勁的「勇氣」，在現實的教育體制下，其實也沒什麼太大發揮的空間，
我沒有成為「拒絕聯考的小子」，只是跟著社會價值沉浮。從小我們都被訓練成
「別管這麼多，只要好好念書」，因此台灣的孩子被迫晚熟──我們壓抑了內心
的聲音，也阻斷自我的追求。所以要等到非常多年之後，當自己容許去傾聽那個
微弱又真實的旋律時，才能跟天賦相遇，讓本來的自己甦醒。

我的勇氣讓我成為自己，讓我勇於去面對未知。但是所有的考驗並不會停止，這
其中的繁複與繽紛，一如我躲在森林深處所邂逅的片段，那樣神祕的世界，就像
是帶我悟道生命的曼陀羅（Mandala），所有的衝突與和諧，所有考驗與期待，
所有的混沌與清晰，一切智慧在緣分中等待擷取，我靜靜領會，並迎接著那首暫
時名為「蛻變」的曲子。

□

寂靜的共鳴

奇妙的是，被我找來的，都是一群
不愛熱鬧，但是為著某種牽引而來
的人，我也不禁揣想，或許你會因
為這段章節而被吸引，因為寂靜而
產生共鳴……

我衝進好不容易招來的計程車，把那陣忽然飆起的狂風驟雨阻擋在外，眼鏡起了霧，我抹下水滴，看到眼前的小螢幕上正在播一則廣告，上面寫著：「世界越快，心則慢。」好一句充滿禪意的台詞，我倒吸一口氣，原來這樣的慢，在當前的世界速度下，需要刻意去經營。是的，也唯有「心慢」，才能「聽見」。

心慢則靜，若無經歷人間世態喧鬧，豈能感知寂靜的幽微與深度？但是寂靜究竟有多少分量？你以為寂靜是空，空則虛。然而寂靜也是實，實則定，定則靜。我想起以前練太極拳時，學到了「鬆、柔、圓、正」的四字精神。我逐漸體會到，原來鬆中帶勁，柔可剋剛，靜能制動，道理全然一致。當外在世界變動越快，人越需要尋求內在寧靜。

寂靜萌生的戲劇化力量

我的心並不平靜，唯有寄情山水與文學藝術，才能讓我「放鬆」，甚至產生熱情。人生帶著單純的熱情上路，簡單幸福，但是經過十幾年後，我發現這股熱情在逐漸演化中，它在我歷經了一些挫折與困頓的累積後，藉由思考整飭與哲學解放，像是昆蟲脫殼似地有了結構性的轉換。然而這股戲劇化的力量，居然是由寂靜出發。

我在臉書上寫著：「我不知道人生為什麼會到這一步。」後來許多朋友告訴我，剛開始他們看到時都嚇了一跳，以為我發生什麼意外，於是趕緊看看下文，讀到我寫著：「我居然要成立一個協會，台灣聲景協會。」我清楚記得，在寫下這句話的同時，我的游標始終在螢幕上閃動著，手指輕懸在鍵盤上空，很難按下Enter。那種感覺，就好像有個牧師盯著你看，而你得當眾說那句：「我願意」。老實說，我有點忐忑，有些遲疑。

這到底算是什麼樣的承諾？自不量力的妄念？天生註定的使命？明知道我是一個做事鬆散，熱愛自由自在的人，如果做不到這件事，何必讓自己陷入窘境？

我憑什麼相信那顆許願石就是撐起所有夢想的支點？我以為自己找到一條追尋的道路，但是我怎麼知道自己會不會迷路？所有的探問，一如潮浪起落，在退與漲之間，相互拉扯。

如果要清楚給個理由，我的第一個想法是：「德不孤必有鄰」，我相信在這條聆聽的道路上，必定有許多與我志同道合的夥伴，我們可以相互扶持，相互成就，為更超越自己利益的夢想而齊心努力，這絕對是人生值得努力的目標。

聽見並串連所有的聲音

身為電台節目主持人，我本身就是接收聲音資訊的平台。這麼多年來，我採訪了很多生物聲學的學者，非常幸運能聆聽到第一手精彩的生命故事，後來因為「寂靜山徑」的計畫，透過澎葉生，我開始欣賞到聲音藝術的獨特風景，知道台灣有一群人也在這個領域中努力耕耘，加上認識了余仁方老師，了解更多關於噪音與聽覺保健的內涵，我忽然想到，如果這三方面的專家能夠相互認識，分享彼此關注的焦點，一定可以激盪出更多的火花。而能夠串連他們的人，則是不屬於其中任何領域，卻是能聽見他們所有聲音的我。

另一個理由是，我發現「聲景」的概念，完全沒被納入環境教育的範疇。我很期待，台灣未來也可以有自己的百大聲景。同時，我看著日本、美國、澳洲、英國、加拿大、芬蘭……對聲景所建構的思考與觀點，特別是日本，帶給我非常多的啟發。讓我深深感覺到，透過聲景所要展現的，不僅是一種聆聽世界的方法，更是參與及改變世界的途徑。我很期待透過這個組織，可以把這趟旅行中我所認識的戈登‧漢普頓、帕文教授、人庭博士、鳥越教授這些學者，都結合成夥伴關係，讓這趟旅程，做更大範疇的延伸。

剛開始，光是「soundscape」的中文翻譯也琢磨了許久，有人用「聲境」、「音

景」，但是考量到另一個名詞──「地景」（landscape），我們決定定名為「聲景」，也就是「聲音的風景」。當初，我跟余老師談到我想成立協會的想法，他大力支持，而且傳給我一份組織章程草案，給我很大的鼓舞。我把其中的「宗旨」做了一些調整，在撰寫那些條列式的文字時，我居然有一種「起草案、寫宣言」的壯烈情懷，彷彿志士在宣布自己起義的理由，就在余老師跟昆蟲學家楊正澤老師的協助下，六大「成立宗旨」洋洋灑灑為這個組織開了場：

一、保護自然聲景，以生物聲學及相關研究，推動「生物多樣性」保育。
二、推在地聲景，建構藝術與文化保存的教育內涵。
三、透過聲場與環境的學術研究，促進民眾的聽覺保健與權利。
四、推動錄音技術交流，強化「聲景保存」做法與應用方式。
五、建構聲音的價值與觀點，促進多元欣賞與尊重精神，以提升國民聆聽文化素養。
六、參與環境公共政策的制定，推動以聲學為基礎的理念，並達成環境保護之目標。

當然，這只是草案，任何組織一開始都很有理想性，能不能貫徹執行，全憑造化。但願這份初衷，一如我們對嬰孩的期待，不要因為未來成長的起伏而被遺忘，我希望它能日趨茁壯，開花結果。

因為聲景教育的牽引……

接下來的問題是，我得找到三十位發起人，除了要親自簽名，他們的戶籍必須橫跨全台灣七個縣市以上，這個組織才有資格申請為全國性的社團。我心中初步擬定了一些人選，我把資料寄給他們，其中有些學者又非常熱心地幫我把許多相關學者拉進來，這些人當中，有些原本就是我的受訪者，也有初步的信任基礎，還有一些則是透過這個機會才結識的，就在我找他們簽名的同時，我們有了更多機會交流，了解彼此，享受各自的樂色。

很幸運的是，發起人的戶籍共橫跨了十一個縣市，足以越過全國性社團的門檻。說起這群發起人的來路，可是各有機緣。有一次澎葉生傳了一段聲音給我聽，他說這是他在台大教的一位學生的作品——關於坪林茶鄉的「聲景」。他覺得這孩子很有想法，也非常優秀，很值得推薦給我認識。

我仔細聆聽，在其中聽到了在地環境人文（街景、製茶）與自然（藍鵲、溪流）的聲響，還有茶葉沖泡舒展的聲音。作者黃潤琳，是從廣西來的陸生，現在就讀於台大城鄉研究所——專門研究環境空間與社會變遷的學術搖籃，他居然要用這樣的聲景與在地的「藍鵲茶」做結合，這點讓我非常好奇。

我邀請潤琳來「自然筆記」分享這段故事。潤琳年紀很輕，但是思路非常清晰，有一種沉穩的氣質。他說「藍鵲茶」是一種「社會企業」的形態，最早是台大城鄉所的學長開始投入，以他們所受的專業訓練，結合在地關懷，來協助坪林茶農行銷包裝自己的產品，在兼顧生計、生產與生態的理念中，讓茶農能在這片土地上，好好生活下去。問題是，如何從「聲景」的切入點來服務這樣的理想呢？

潤琳說，他希望自己的聲景作品能讓更多的人聽見，一方面是有宣傳效益，同時也能在茶藝館中播放，提升商品的質感。同時他主動去拜訪了師大民族音樂所的音樂家蔡佳芬老師，希望未來有更多音樂人能進入坪林，創作出更多在地的音樂，協助建構鄉村的風貌。我也特別詢問了蔡佳芬老師，這些在地自然歌手的旋律（蟲鳴鳥叫），可不可能成為我們台灣民族音樂的內涵？蔡老師說，台灣音樂教育中很少給學生這樣的引導與內涵，主要還是著重技巧的訓練。雖然目前沒有這樣的作品，但是未來不是沒有可能，她也願意嘗試朝此方向努力。🎧[26]

不知道未來台灣的海浪聲、鳥鳴蛙叫，能不能也登上我們的國家音樂廳或演奏廳？從小到大，我們沒有所謂的「聲音」教育，我們沒有觀點，也沒有想像。就連音樂教育，在目前國中階段也以考試為主，孩子可能寫得出「俄國五人組」的

音樂家名字，但是對音樂的感受性，或是如何在真實聲景中去尋找旋律，恐怕不易獲得啟發。

我很期待未來的聲景教育也可以跟學校的音樂教育結合，成為不一樣的文化與藝術的創意養分，尤其是這些動物都是在地歌手，牠們的旋律早在這片土地上流傳千古，甚至影響到原住民，我們要有足夠的能力來解讀牠們，並轉換成我們內在的音樂。同時也透過「聲景」的保護，表達我們對土地的關懷與敬意。

我邀請潤琳與蔡老師一起加入台灣聲景協會，以他們的專業，來創造更多的可能。目前，這個組織還在籌備中，奇妙的是，被我找來的，都是一群不愛熱鬧，但是為著某種牽引而來的人，我也不禁揣想，或許你也會因為這段章節而被吸引，猶如我讀到戈登的書一樣，因為寂靜而產生共鳴，後來居然合奏出一首奏鳴曲。

當然，這還只是前奏，想知道寂靜究竟有多少分量，你得跟我一起繼續聽下去。

寂靜山徑

□

無量之網

一個透過聲音來關心土地與環境的
組織即將誕生，就在我回溯記錄這
樣的過程時，我越來越明白，我正
在走的道路絕非形單影隻，而是透
過一種無形的網絡，成為眾人共修
的旅程。

等了兩個多月，我終於收到內政部的來函，上面寫著：「台端等申請籌組台灣聲景協會案，同意辦理，並請於六個月內籌組成立。」這段文字對我來說，真是又驚又喜，同時我不斷聽見自己內在發出一種微弱又恐慌的聲音：要玩得這麼大嗎？

無論如何，頭已經洗了一半，怎麼樣都得讓它走下去。我去找了老朋友陳瑞賓，十多年前，我記得有一次瑞賓來找我，當時他還在中研院當研究助理，學動物的他正在構思人生的夢想，他花了很多時間跟我解釋什麼是國民信託，還有環境資訊的重要，沒想到後來他真的籌組了一個在台灣環境界具有舉足輕重地位的組織：環境資訊協會。我想知道，當年那位滔滔論述的夢想青年，到底這一路上是怎麼走過來的？

為了要讓我了解其中的心路歷程，瑞賓站在一大片白板前，花了三個小時，在我面前左畫一個圖，右畫一個表，各種藍色線條在眼前繞來繞去，我終於獲得了一個結論：不論你有多麼遠大的理想，做事情最重要的是「籌錢籌人」，當然，這也是讓人最抓狂的事。我只記得走出「環資」後，茫然的我突然感覺肚子空虛，有一種強烈的虛脫感。

構築一個改變世界的舞台

我要怎麼去張羅這一切？我想到自己從小到大過關斬將，最大的挑戰也不過考考試趕趕稿子，或是每天替家人準備晚餐，拉拔孩子長大這檔事。不過，養孩子可不輕鬆，麻煩事一堆，算起來我不是完全沒經驗，頂多當作再養一個「小孩」吧，我安慰自己。

起伏的情緒仍在持續，幾天後我居然想通了。我相信，當你的念頭是正向且利他，將會有許多天使來幫助你，與其擔心未來，還不如相信這一切早都已經安排好了，我願意接受命運的造化與帶領。

沒想到,隔了兩個禮拜後,奇妙的事情發生了,我的「自然筆記」居然又再度獲得廣播金鐘獎的「最佳教育文化節目獎」,雖然這是我的第五座金鐘獎,但是先前多年入圍總是陪榜,因此並沒有懷抱太大的希望。這次獲獎,似乎冥冥中有一種鼓舞,尤其重要的是,我可以獲得第一桶金,這十萬元的獎金,應該可以讓我白手起「家」。

我開始張羅第一次籌備會議,並在給發起人的一封信中寫著:

「一個透過聲音來關心土地與環境的組織即將誕生,夢想的起點,就在十一月十二日。欽慧是一個很感性的人(請諸位理性科學家們包涵,這與生俱來的傳教命格),相信您們或多或少都已經『熟識』我了,但是我真心感謝,在生命的某個階段我認識了您們,曾經與您們共事,或聆聽您們的話語、演講、讀您們的書……。實情是,這一切動力其實是您們給我的,您們啟發了我,感動了我,而我能做的事,就是把這樣的力量變得更大更具體,也很感謝您們願意把手伸出來,願意和不同領域的專家一起攜手,去構築一個可以改變世界的舞台。是的,我深信聲音是一種喚醒,也是改變的開始。🎧27

聲景,在台灣仍然是一個,陌生的名詞,或是展現藝術家前衛思潮的媒材,但是我卻看到了它對整體生態與人類生存環境的重要意義與影響。各位都是聲景專家,相信都已經有各自努力的使命。未來成立台灣聲景協會,不僅是希望借重彼此的專業,更希望能成為彼此的靠山與肩膀。當然,欽慧對聲景也有很多夢想,為此,我也需要您的力挺。」

聲音被散播出去後,在發起人當中,鯨豚專家周蓮香老師主動表示願意幫我安排開會地點,讓我感動萬分。於是,我們最初的「起義」據點就在台大生命科學院的 842 教室。

為了讓第一次聚會有更多象徵意義，我決定送給每一位發起人一張我親自製作的CD作品——「寂靜山徑」。裡面是一首十分鐘的曲子，完全是我在太平山上的錄音聲景，沒有音樂與旁白，只純粹用聲音說故事：從太平山午後的一場雷雨揭開序曲，隆隆聲響後逐漸轉為蛙鳴鳥叫，然後進入到夜間湖畔的鳴蟲清唱，貓頭鷹對歌、步道上的山羌野性吶喊，氣氛神祕鬼魅，卻充滿了野性的魅力，接著來到第二天的森林組曲，包括了啁啾鳥鳴、獼猴爭吵、還有潺潺流水。我在CD上寫著：「寂靜是一種喚醒，寂靜也是一種邀請。」這段文字是一種宣示，同時也是成立這個協會背後的動力來源，我忽然明白了一件事，原來成立協會，也可以是某種形式上的「集體創作」。雖然在這段過程中有我的意志投入，隨著後勢的演變，更多人的加入，終究它有屬於自己的原創性，以及靈魂。

1 ｜ 2

1 我和尤俊明老師正在討論協會 logo 的設計。
2 一座「金鐘」，不僅是受到鼓勵，也為夢想
　帶來實質的助益。

是台灣島，也是閉目聆聽的耳

我的腦海中開始構思這個協會的 logo，我希望用毛筆字來表達一種聲音的律動訊息，但是誰能幫我完成這樣的理念？就在尋尋覓覓間，有一天大愛電視台的製作人王理打電話給我，我知道她人面很廣，就向她求援。王理不假思索立刻回答：「我知道有一個人很適合。」彷彿早有一個準備好的人選，就等著我的敲門磚。因為這道關聯，讓我找到了尤俊明老師。

我們很快就見到了面，幾句談話間，我知道我跟尤老師的頻率是相通的。台灣書法家很多，但是很多本土的非政府組織（NGO）都是請尤老師題字，除了因為尤老師長期關注農業與各種環境運動外，最重要的是他的字，帶著一種敬重土地的虔誠力量。

尤老師聽到我的聲景理念之後，回家沉潛構思了兩天，我們再度見面時，他居然交給我一份跨十頁的手稿，我相信這對協會來說，是非常值得永久保存的「文獻史料」。

尤俊明對聲景的說文解字，首先是從甲骨文開始，他說「聲、聖、聽三字出於同源，都有耳字。台灣島形一如一只耳朵，可以聽見千古不滅的神聖聲音。」以此發想的圖像，是把台灣島嶼跟古字結合，極具趣味與巧思。接著，他又把台灣島形演化成一隻魚形，他說：「鯤島，意旨台灣，是魚龍所化，魚躍龍門而昇其聲。」藉著這般想像，他又畫出二十幾種不同的變形，各自成調。

logo 的圖案在紙上演繹遍徹，從形到聲，每一種設計理念，都像是一套組曲，讓我聽見其中的繁複，讚嘆其中的萬象。幾翻輪轉，台灣又幻化成一片沾著露水的葉子，正如尤俊明所言：「永遠願意承托大自然的變化之聲。」

無
量
之
網

行卷到後面兩頁，似乎開始由繁化簡，原本風起雲湧的氣勢，在這裡逐漸舒緩下來。那些聲音意象，開始化約成一陣風似的線條，一筆刮在島嶼的耳際，太平洋上看似鯨豚的兩撇身影，整體看來又像是閉目聆聽的模樣。尤老師怕我不明白，在旁邊細膩寫下：「閉目靜心方聽得見台灣島的風雲，變幻之聲或島嶼自我轉化的心聲。島在跟旁亦象徵著耳朵的化身。」

這番對聲景的想像與解讀，讓人嘆為觀止。各種聲息在眼與大腦間徘徊，一時間我也不知何者最適合為協會代言，我問尤俊明哪一個才是他的最愛，他笑指最後的圖像。我思忖半晌，也微笑相應：「那就選它吧。」

古老的聲音陸塊，四方的迴響

尤俊明認為，文氣若通，則會自有理路，頗有一種「天啟」之明的定見。我真期待自己也能像他如此篤定，如此氣定神閒。

但是，我不得不承認，我很難平心靜氣去聆聽所有的一切。當這麼多聲音相互共振，彼此共鳴，峰峰相連總會曲折不平，只是在此刻，我像是所有的探險家一樣，在古老的聲音陸塊上，被一種新奇的觸動所深深吸引。

一切的發展，更驗證了自己的理念，原來我在過往的一切相遇，如果時間夠久，方向夠對，你會發現，這群人居然都是我要一起共同完成一些事情的夥伴。一切的緣分，絕非偶然。

我想起那本《無量之網》（*Divine Matrix*），作者桂格・布萊登（Gregg Braden）為了找到生命的答案，遍訪高山村落、偏遠僧院、古老神廟，想要揭露永恆的祕密。他在書中寫到，人類會因連結一切萬物能量場而結合在一起，若要在生活中釋放出「無量之網」的力量，首先必須了解其運作方式，並使用它所認得的語言，

也就是愛、恨、恐懼和原諒等情感力量。換言之，你的意念有多廣，世界就有多大。

我想到好友蕭淑碧跟我說過一句話：「主其事的人心要夠寬，念要夠定。」原來，真正需要搶救寂靜的人，就是「我自己」。

我試圖安靜下來，閉上眼睛深呼吸，然後……專注聆聽。

意念如聲，都是一種具有穿透力的波動，如此「以聲會友」，我居然可以跟全球連線。所有的訊息接踵而至，我彷彿置身在山谷深境，聆聽著四面傳來的迴響。

過去讓我著迷的的生物聲學領域，近來也因為受到聲景概念的影響，發展出所謂的生態聲學（Ecoacoustics）。這門新學問的建構，跟科技的發展有關，一方面是錄音器材的推陳出新，一方面是面對全球大數據（Big Data）時代的來臨，這群研究聲學的科學家發現，整合更多聲音資料庫，將提供生態保育研究上更真實完整的資訊，而這門學問的蓬勃演進，居然跟我成立協會的時間疊合。

就在聖誕節的前夕，我收到義大利帕文（Gianni Pavan）教授的來信，他跟我分享一個剛成立的生態聲學國際學會（Internaional Society of Ecoacoustics），點進去一看都是一些歐美重要學者。帕文教授說他的聲景研究領域已從水下轉向陸地，主要是因為水下聲景的研究與調查所需經費實在非常龐大，另一方面是他非常享受在野地錄音，他寄來幾張照片，我一看，帕文教授使用的設備，不就是SM2+ 野地自動錄音機嗎？

真巧，就在十一月份，林業試驗所的特聘研究員王豫煌博士舉辦了一場稱作「聲景生態學」（Soundscape Ecology）的工作坊，邀請我去南投的蓮華池分所跟一群來台灣學習如何在野地進行聲景錄音的東南亞學者，分享我們在台灣成立聲景協會的經過。

我頭一次用英文，對著一群菲律賓、泰國、馬來西亞、越南、台灣的聲景生態學家，宣揚了我的理念。同時，我也藉此機會學習如何使用 SM2+，這是一種可以在野外連續放上好幾個月的自動錄音機，研究人員只需要按時去汰換電池，裡面的 CF 卡，可以在電腦上先設定好，比如一個小時錄五分鐘，接著就可以蒐集到你要的聲音檔案，然後再配合一些自動辨識的軟體，就能獲得更完整全面的聲景生態資訊。

很快的，這樣的聲音傳到日本。幾乎在同時，我收到日本大庭照代博士的來信，她開心地提到在國立科學博物館細矢剛博士傳來的資料中，看到台灣的「聲景生態學」工作坊有我的名字，非常驚喜。原來當初豫煌要學習聲景生態監測的相關做法，曾經跟日本互動密切，但是不知道這背後還有更大的網絡。大庭博士說，她最開心的就是看到我開始組織台灣聲景協會，當然她知道我深受日本之旅的啟發，於是立刻通知日本聲景協會這個重要訊息，就在這麼理所當然的情況下，把我們全都串在一起了。

一顆石頭的革命

我得承認，這樣的過程快得讓我驚訝，因為所有的計畫並非按部就班，而是一連串的「發生」。經歷了兩次籌備會議，我在網路上召募會員，並提出真誠的邀請：「很多人問我，什麼是『聲景』（soundscape），為什麼妳要找一堆人，弄出一個協會來關注聲景？簡單說，我們這群人所要努力的，就是希望透過聲音來改變世界。這麼多年來，我由一位單純只是喜歡聽鳥叫聲的錄音師，投身在用聲音來參與環境教育的推動過程中，無形中，我成了眾多聲音的匯集者。我發現我們的教育、環境政策、居住設計，完全忽略了聲音的層面，我們習慣用視覺來理解我們的世界，卻不知在聲音的世界中，很多美麗與遺憾被全然忽略與遺忘，我們深深受到聲音的影響，卻渾然不察。於是我試圖把這群研究生物聲學、人類噪音的科學家，與一群非常懂得聆聽的聲音藝術家結合在一起，我們要一起來推動許多重要的理念。這是一個倡議的組織，也是一個夢想的團隊。如果您對此有興趣、有熱誠，有使命，歡迎加入我們的行列。」

或許，日本自然農法大師福岡正信可以「一根稻草的革命」來作為人類追求幸福與希望的起點；那麼，我是否也可以「一顆石頭的革命」來實踐對人生價值的追求，啟發更多的人，願意打開自己的耳朵、自己的心靈，去跟美好的聲音相遇，並用聲音來關心大地生靈？就在我回溯記錄這樣的過程時，我越來越明白，原來我正在走的這條道路，絕非形單影隻，而是透過一種無形的網絡，成為眾人共修的旅程。

1 │ 2

1 學者正把 SM2+ 錄音機綁在樹幹上。
2 這種自動錄音機的電池每次可以撐一個月。

重回十八歲的湖畔

我看著照片中的自己，一頭有如野地荒原中的雜草。那是聯考剛完，要求媽媽帶我去美容院，把原本的學生頭燙捲了，還刻意剪了瀏海的模樣，這是我面對長期壓抑下的唯一反抗，但是那頭毛髮一向彆扭，更禁不起連日爬山的摧殘……，那一高一低捲起的褲管，正散著全身蒸騰的熱氣，配著橘色登山包、黃色尼龍帽子，我全身狼狽卻一臉傻笑地站在翠峰湖畔。那年，我十八歲。

我才剛走過一段青澀困頓的歲月，卻踏上了這趟高山縱走的旅程。一如早期探險家的行徑，翻山越嶺而來，就是為了這場相遇。那靈氣縹緲的湖水，完全潤澤了我枯涸的靈魂。當時的我，並不知道這裡檜木的精彩，也尚未領略寬尾鳳蝶的魅力，但是我清楚記得當時心中的虔誠與感動。

或許每位自然的修行者，都會遇到一個屬於自己的教堂，在那裡獲得啟發、感召、靈動、沉澱，進而被改變，一如梭羅的華爾騰湖。

幾年前，因為要執行林務局的專案，我來到翠峰湖畔錄音。後來又受到戈登‧漢普頓的影響，重回這裡尋找寂靜。一切的機緣，一切的牽連，就這樣周而復始地來到湖畔……，在霧起霧散之間細細聆聽，那所有走過的歡愉與靜謐。

我希望有一天，翠峰湖的環湖步道能成為台灣第一個「寂靜山徑」，來到這裡的遊客都能盡量降低自己的音量，

把「聆聽」當作走訪這條步道應該具備的修為。而附近所有人為的噪音都應該被監控與管理，管理單位可以採取柔性的方式，教育遊客尊重這裡的自然聲景，學習安安靜靜去欣賞這些自然音律，懂得安靜，才能感受更多的細緻，也才能更貼近自己。

至於步道中的奧陶紀苔原，我希望能成為台灣版的「一平方英寸的寂靜」，跟美國霍河雨林的「一平方英寸的寂靜」結盟成姐妹地。來到這裡需要禁語，讓這裡成為聆聽的聖殿，讓遊客體驗什麼是「全台灣最安靜的地方」，並接受這份寂靜所帶來的療癒力量。

我不知道自己是不是太過浪漫，但是我對這樣的願景，始終懷抱著信念，而且我感受到，有越來越多的力量匯集而來，正默默在背後成就一切。或許正如孟子所言：「存其心，養其性，所以事天也。」人生必須懂得明心見性，一切盡心，才能善盡天命。而我的傻氣天真，似乎是上天賜給我的禮物，由此心念闖蕩人生蹊徑，總有貴人扶持指點，回眸間，才懂得那曾經發生的一切，蘊藏著多少的祝福與美意，我深深感謝。

記得有一次，大概清晨五點多來到奧陶紀苔原錄音，整個森林似乎尚未甦醒，我坐在昏暗的林層底下，就在半睡半醒間，居然是被耳機傳來的鳥音喚醒……，當然，這不是一個無聲的世界，而是一種寂靜的狀態。或許錄音教會我如何等待，也形成某種端詳生命的態度。老子說：「致虛極，守靜篤。萬物並作，吾以觀復。」道展人生，靜是智慧核心，從初始、演繹、成熟到育成，湖畔如我，也歷經寒暑。從有到無，從無到有，虛實中，有所承擔，有所領悟……，無論故事的腳本為何，我願意用素樸的心走此一回。

生命回歸，一切的答案，原來都在寂靜中。

Taiwan Style 32

搶救寂靜
一個野地錄音師的探索之旅

The
Beckoning
Silence

A Natural Sound Recorder's Journey

□

作者／范欽慧

編輯製作／台灣館
總編輯／黃靜宜
執行主編／張詩薇
封面設計＆裝幀／點石設計・鄭司維／黃慧甄
版面編輯設計／點石設計・蔡旻諭
企劃／叢昌瑜、葉玫玉

發行人／王榮文
出版發行／遠流出版事業股份有限公司
地址／台北市 100 南昌路二段 81 號 6 樓
電話（02）2392-6899
傳真（02）2392-6658
郵政劃撥 0189456-1
著作權顧問／蕭雄淋律師
輸出印刷／中原造像股份有限公司

YL遠流博識網
http://www.ylib.com　E-mail: ylib@ylib.com

本書由財團法人國家文化藝術基金會贊助創作
國｜藝｜會
NCAF

2015 年 4 月 1 日　初版一刷
2017 年 11 月 20 日　初版三刷
定價 420 元

國家圖書館出版品預行編目 (CIP) 資料

搶救寂靜：
一個野地錄音師的探索之旅 / 范欽慧著
-- 初版 -- 臺北市：遠流 2015.04
　面；　公分 --（Taiwan style；32）
ISBN 978-957-32-7608-1（平裝附光碟片）

1.自然保育 2.大自然聲音 3.動物聲音

367　　　104003994